课堂实录

吴赛 / 编著

中文版 CoreIDRAW X6
课堂实录

清华大学出版社
北 京

内容简介

本书采用设计理论+软件技术+实战操作三合一的讲解方式,以设计理论为引导,以软件技术为基础,以深入浅出、循序渐进地方式讲解,摒弃不易学、不常用的技术,配合类型丰富、应用全面的实例,让读者真正掌握CorelDRAW X6中的重要功能,并能够在以后的实际应用与工作过程中,应对自如。

另外,本书还根据每课讲解的内容及其应用领域,为其赋予一个设计主题,并配合一定的设计理论知识讲解,使读者对该领域有一个初步的认识,从而增强学习的效果。

本书特别适合于CorelDRAW自学者使用,也可以作为相关院校的教材使用。

图书在版编目(CIP)数据

中文版CorelDRAW X6课堂实录/吴赛编著. --北京:清华大学出版社,2015
(课堂实录)
ISBN 978-7-302-38893-7

Ⅰ. ①中…　Ⅱ. ①吴…　Ⅲ. ①图形软件　Ⅳ. ①TP391.41

中国版本图书馆CIP数据核字(2015)第004712号

责任编辑:陈绿春
封面设计:潘国文
责任校对:徐俊伟
责任印制:杨　艳

出版发行:清华大学出版社
　　　　网　　　址:http://www.tup.com.cn,http://www.wqbook.com
　　　　地　　　址:北京清华大学学研大厦A座　　　　邮　　编:100084
　　　　社 总 机:010-62770175　　　　　　　　　　邮　　购:010-62786544
　　　　投稿与读者服务:010-62776969,c-service@tup.tsinghua.edu.cn
　　　　质 量 反 馈:010-62772015,zhiliang@tup.tsinghua.edu.cn
印 装 者:北京嘉实印刷有限公司
经　　销:全国新华书店
开　　本:188mm×260mm　　印　　张:20　　　　字　　数:561千字
　　　　(附DVD1张)
版　　次:2015年6月第1版　　印　　次:2015年6月第1次印刷
印　　数:1～3500
定　　价:49.00元

产品编号:054558-01

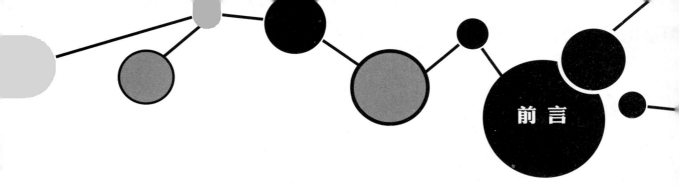

前　言

CorelDRAW作为最早进入国内的矢量图形处理软件，拥有极为庞大的用户基础，其简便易用的功能、丰富的资源、人性化的工作流程设计、稳定的性能，都是广大用户钟爱它的原因，并在每次升级时，都能够给用户带来惊喜。

本书以"深入浅出、循序渐进"为讲解方式，以"讲解CorelDRAW最常用和最实用的技术"为原则，摒弃了不易学、不常用的技术，配合大量实例，力求让读者在掌握软件最核心技术的同时，具有实际动手操作的能力。

本书具有以下特色：

● **核心功能+新功能双管齐下**

自1989年CorelDRAW软件横空出世以来，经历了多次升级，软件的功能越来越多，但并非所有内容都是工作中常用的，因此，笔者结合多年的教学和使用经验，从中摘选出最实用的知识与功能，掌握这些知识与功能基本能够保证读者应对工作中遇到的与CorelDRAW相关的80%的问题。

另外，笔者还专门研究了CorelDRAW X6版本中的新功能，力求最大限度的让读者能够在利用CorelDRAW核心功能的同时，还能够学习并体会新功能带来的便利。

● **设计理论+软件技术+实战操作三合一**

本书精心地将CorelDRAW功能划分为12个领域，在第1-12课中，根据每课讲解的内容及其应用领域，为其赋予了一个设计主题，并配合一定的设计理论知识讲解，使读者对该领域能够有一个初步的认识，从而增强学习的效果。例如在第8课讲解创建与编辑文本知识时，CorelDRAW提供的文本编辑功能虽然在很多领域中都有所运用，但在宣传册设计领域中最为典型，因此第8课就是以宣传册设计为主题，在讲解理论知识的同时，穿插数个典型案例，配合宣传册设计理论的讲解，让读者能够将学习的理论知识与实践紧密地结合在一起，实现高效、实用的学习效果。

另外，本书还在第13课中讲解了宣传折页、广告、封面、包装、插画等实例，让读者能够真正将前面所学习的软件技术，熟练地运用到各个领域的实际工作当中。

● **附送全部案例素材及效果文件**

本书附赠一张DVD光盘，内容主要包含完整的案例及素材源文件，读者除了使用它们配合图书中的讲解进行学习外，也可以直接将其应用于商业作品中，以提高作品的质量。

● **其他声明**

限于水平与时间所限，本书在操作步骤、效果及表述方面定然存在不尽如人意之处，希望读者来信指正，笔者的邮箱是LB26@263.net及Lbuser@126.com，或加入QQ学习群91335958及105841561。

参与本书编著的人员还包括：雷剑、吴腾飞、左福、范玉婵、刘志伟、李美、邓冰峰、詹曼雪、黄正、孙美娜、刑海杰、刘小松、陈红艳、徐克沛、吴晴、李洪泽、漠然、李亚洲、佟晓旭、江海艳、董文杰、张来勤、刘星龙、边艳蕊、马俊南、姜玉双、李敏、邱琳琳、卢金凤、李静、肖辉、寿鹏程、管亮、马牧阳、杨冲、张奇、陈志新、刘星龙、马俊南、孙雅丽、孟祥印、李倪、潘陈锡、姚天亮、葛露露、李阗琪、陈阳、潘光玲、张伟等。

作者

第3课 标志设计：绘制图形

第4课 插画设计：格式化图形

第5课　服装设计：高级填充设置

第6课　图形设计：修饰图形

第7课 UI设计：编辑对象

第8课 宣传册设计：创建及格式化文本

第9课　字效设计：文本高级控制

第10课　装帧设计：导入与编辑位图

第11课　广告设计：位图调色与特效处理

第12课 包装设计：对象融合与特效处理

第13课　综合案例

第1课
平面设计:CorelDRAW X6入门

CorelDRAW是一款功能非常强大的矢量绘图软件，同时，它也兼备了很多位图编辑功能。本课从认识CorelDRAW X6的工作界面入手，讲解CorelDRAW的基础操作，如文件操作、修改文档属性、设置页面视图以及位图与矢量图等。

1.1 平面设计概述

1.1.1 平面设计的概念

平面设计是一个非常广泛的设计门类，具体来说，它是一种二维空间艺术，主要由文字、图形、图案、色彩、版面等元素构成，因此在表现形式上，不但具有鲜明的视觉化信息传播功能，还具有深层次的文化传播功能。

例如封面、包装、广告、易拉宝等，都可以归纳到平面设计的门类当中。也正因如此，它们在某些方面的设计原则是相通的，如对于文字的造型与编排、版面的安排、图像与色彩的运用等，如图1.1所示就是一些优秀的平面设计作品。

图1.1 平面设计作品欣赏

1.1.2 实现创意平面设计的42个技巧

CorelDRAW这样的矢量软件，无法像在Photoshop中那样，随意的进行各种图像融合来实现创意设计，但这不代表无法设计出具有创意的作品来。下表就是一些常用的创意平面设计技巧，读者可经常看看它们，找到创意设计的灵感。

1.把它颠倒过来	2.把它缩小/放大	3.把颜色变换一下	4.使它更大/小或更长/短
5.使它发出火花	6.使它发光	7.把它放进文字里	8.使它沉重
9.不要图画	10.不要文字	11.把它分割开	12.使它重复
13.使它变成立体	14.变换它的形态	15.发现新用途	16.只变更一部分
17.把要素重新配置	18.降低/提高调子	19.使它相反	20.改用另一种形式表现

21.增添怀旧的诉求	22.使它的速度加快/变慢	23.使它看起来流行	24.使它看起来像未来派
25.使它更强壮	26.使它更强壮	27.运用象征	28.运用新艺术形式
29.使它凝缩	30.变为摄影技巧	31.使它弯曲	32.使它倾斜
33.使它对称/不对称	34.把它框起来	35.用不同背景	36.用不同环境
37.变更密度	38.使它更滑稽	39.使拟人化	40.用简短的文案
41.使它发光	42.把以上各项任意组合		

1.1.3　常用设计尺寸一览

下表所列是一些平面设计中常见的设计尺寸。

类型	尺寸	类型	尺寸
名片（横）	90mm×55mm（方角） 85mm×54mm（圆角）	文件封套	220mm×305mm
名片（方）	90mm×90mm　90mm×95mm	手提袋	400mm×285mm×80mm
IC卡	85mm×54mm	信封	小号：220mm×110mm 中号：230mm×158mm 大号：320mm×228mm D1：220mm×110mm C6：114mm×162mm
三折页广告（A4）	210mm × 285mm	CD/DVD	外圆直径≤118mm 内圆直径≥22 mm
易拉宝	W80cm×H200cm W100cm×H200cm W120cm×H200cm		

1.1.4　常用印刷分辨率一览

在印刷时往往使用线屏（lpi）而不是分辨率来定义印刷的精度，在数量上线屏是分辨率的2倍，了解这一点有助于在知道图像的最终用途后，确定图像在扫描或制作时的分辨率数值。

例如，如果一个出版物以线屏175进行印刷，则意味着出版物中的图像分辨率应该是350dpi，换言之，在扫描或制作图像时应该将分辨率定为350dpi或者更高一些。

下面列举了一些常见的印刷品图像应该使用的分辨率。

★　报纸印刷所用网屏为85lpi，因此报纸用的图像分辨率范围就应该是125dpi～170dpi。

★　杂志/宣传品通常以133lpi或150lpi网屏进行印刷，因此杂志/宣传品分辨率为300dpi。

★　大多数印刷精美的书籍印刷时用175lpi到200lpi网屏印刷，因此高品质书籍分辨率范围为350dpi～400dpi。

★　大幅面图像（如海报），由于观看的距离非常远，因此可以采用较低的分辨率，例如72dpi～100dpi。

1.2　了解CorelDRAW X6的界面

默认情况下，启动CorelDRAW X6后可以进入如图1.2所示的工作界面。

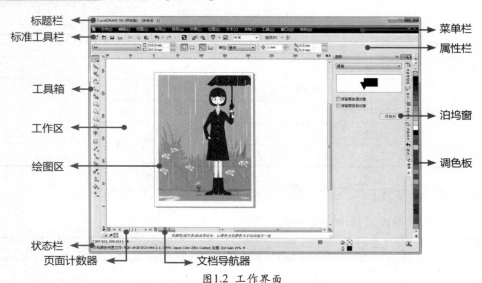

图1.2 工作界面

　　熟悉CorelDRAW的操作界面，是熟练操作CorelDRAW绘图的起点，下面讲解CorelDRAW X6操作界面上的若干重要元素。

标题栏

　　"标题栏"位于工作窗口的顶部，显示当前运行程序的名称和正在编辑文件的文件名。

菜单栏

　　"菜单栏"中包含CorelDRAW X6几乎所有菜单命令功能，是进行图形编辑、视图管理、页面控制、对象管理、特效处理、位图编辑等操作的主要手段。

标准工具栏

　　"标准工具栏"是一组位于工作窗口上的可视按钮，如图1.3所示。它是菜单栏中最常用的快捷命令。因此，要加快操作速度，应该频繁使用工具栏中的工具图标，而不是菜单栏中的菜单命令。

图1.3 标准工具栏

"属性栏"

　　"属性栏"显示当前选择的对象或选用工具的相关属性，这在CorelDRAW中是一个使用频率非常高的界面元素，在选择不同的对象时，可以在此快速设置其基本甚至全部的属性，在选择不同对象时，"属性栏"显示的内容也各不相同，如图1.4所示。

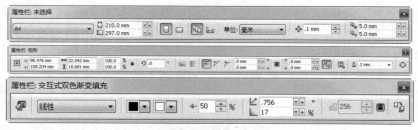

图1.4 "属性栏"

状态栏

　　"状态栏"位于屏幕的底部，显示鼠标指针的横纵坐标值和对象填充色，同时也显示所选用工具的使用方法等提示信息。

工具箱

"工具箱"默认竖放于工作窗口的左侧，也可以将其独立摆放为横向，如图1.5所示。

图1.5 工具箱

工作区

"工作区"是工作时的可显示空间，当显示内容较多或进行多窗口显示时，可以用滚动条进行调节，以达到最佳效果。

绘图区

"绘图区"是工作的主要区域，同时也是可打印区域。当建立多页面时，可以通过导航器来翻页。

导航器

导航器记录着工作区中的总页数，并显示当前的绘图页面，如图1.6所示。

| 页1 | 页2 | 页3 | 页4 | 页5 | 页6 |

图1.6 页面导航器

页面计数器

"页面计数器"可直观显示总页数及当前工作的页面，如图1.7所示。

图1.7 页面计数器

调色板

默认"调色板"竖放于工作窗口的右侧，在调色板中提供了不同的填充色，也可以自行定义调色板，如图1.8所示。

泊坞窗

"泊坞窗"位于工作窗口中（一般情况下，它是不可见的）。泊坞窗具有对话框不可相比的优势，如形状小巧、操作灵活、有很强的交互性，如图1.9所示，有些类似于其他软件中的"窗口"对象。

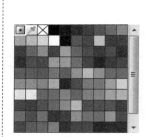

图1.8 调色板

图1.9 泊坞窗

1.3 文件基础操作

1.3.1 新建文件

01 启动CorelDRAW X6，执行下列操作之一：

★ 在欢迎屏幕中单击"新建空白文档"命令。

★ 选择"文件"|"新建"命令。

★ 直接单击工具栏中的新建按钮。

02 执行上述操作后，将弹出如图1.10所示的对话框，根据需要在其中设置以下参数：

★ 名称：在此可以输入新文档的名称。

★ 预设目标：可以根据最终文档的目标设置预设，如用于印刷，可以使用"CorelDRAW默认"选项，若要发布于

图1.10 "创建新文档"对话框

网络，可以选择"默认RGB"选项。

★ 大小：可以选择一个预设的尺寸，如A4或B5等。

★ 宽度/高度：在此文本框中，可以自定义新文档的宽度与高度数值。

★ 单位：在"宽度"后面的下拉菜单中，可以选择文档尺寸的单位，如"毫米"、"厘米"等。

★ 方向：在"高度"后面的两个按钮，可以将文档方向设置成为纵向 □ 或横向□。

★ 页码数：在此输入一个数值，可以确定新文档的总页数。

★ 原色模式：可以将文档 设置为CMYK或RGB模式。

★ 渲染分辨率：在此可以输入数值，以定义文档的渲染分辨率，对于印刷品，通常是使用默认的300 dpi即可。

★ 预览模式：在此下拉菜单中可以设置新文档的预览模式，从上至下选择各选项时，越往下的选项，在预览时占用的电脑资源越多，当然清晰度也越高，因此可以根据需要进行设置。

★ 颜色模式：在此区域中，可以根据工作需要进行适当的颜色模式设置。通常情况下采用默认参数即可。

★ 描述：将光标置于不同的参数上时，将在此区域中，显示相应的说明。

★ 不再显示此对话框：选中此选项后，在创建新文档时将不再弹出此对话框，并以默认的参数设置新文档。

03 设置完成后，单击"确定"按钮即可创建得到一个空白的新文档，如图1.11所示。

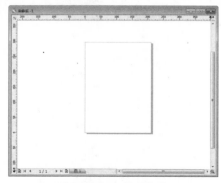

图1.11 新建图形文件

1.3.2 打开文件

启动CorelDRAW X6后，可以随时打开以前编辑过的图形对象，也可以在启动CorelDRAW X6时的欢迎屏幕中通过单击"打开图形"或"打开上次编辑过的图形"来打开已有的图形文件。

打开已有的图形文件的具体操作步骤如下所述。

01 选择"文件"|"打开"命令，或在启动CorelDRAW X6时的欢迎屏幕中单击"打开其他文档"或按Ctrl+O快捷键来快速打开如图1.12所示的对话框。

图1.12 "打开绘图"对话框

02 选择图形文件所在的位置并选择一个图形文件，也可以在"文件名"输入框中输入要打开的图形文件名称。

03 单击"打开"按钮即可打开选中的图形文件。

1.3.3 保存文件

为了以后能够打印或编辑作品一定要保存图形文件，下面讲解有关保存文件的操作。

直接保存文件

保存文件的具体操作步骤如下所述。

01 选择"文件"|"保存"命令、单击工具栏中的保存按钮 ，或按Ctrl+S快捷键进行保存。如果当前文件已经保存在硬盘上，此时可以将最新的改动记录在相同的文件上，如果尚未保存至硬盘上，将会打开如图1.13所示的对话框。

图1.13 "保存绘图"对话框

02 选择文件所要保存的位置，并在"文件名"输入框中输入需保存的文件的名称。

03 在"保存类型"下拉列表中可以选择不同的文件存放类型，如：AI、WPG等类型，系统默认的是.CDR文件格式。

04 在"版本"下拉列表框中可以选择一种存储版本。

05 单击"高级"按钮，在弹出的对话框中可以设置更多关于该文件的参数。

06 单击"保存"按钮即可保存当前工作区中的文件。

提示：

储存版本类型是指如果读者用CorelDRAW 16.0版本来存储文件，则在比他低的版本里不能打开这个图形文件；如果选择一种比使用版本较低的版本来保存，那么在那个版本里及比他高的版本可以打开这个图像对象。总之，高版本的CorelDRAW软件可以打开低版本的图形文件，而低版本的CorelDRAW软件则不能打开高版本的图形文件。

另存为

"另存为"也是保存文件的一种方式，即在对文件保存后，再次将文件以另一个文件名来保存该文件。

"另存为"对话框的使用与"保存绘图"对话框一样，这里不再一一详述，读者可以参考上一小节所讲述的保存文件的具体操作方法。

提示：

使用"另存为"命令可以使文件在不覆盖现有文件的基础上存储为另一个文件，这样做可以起到备份文件的作用。

1.3.4 关闭文件

在对文件进行保存后，可以选择"文件"|"关闭"命令，或直接单击页面上的关闭按钮 ⊠，即可退出当前绘图页面。如果在没有保存的情况下退出，则系统将弹出如图1.14所示的询问框，单击"是"按钮则可以保存文件，单击"否"按钮则不保存而直接退出页面，单击"取消"按钮则再次回到绘图页面中。

图1.14 关闭文件时的询问对话框

如果当前打开了多个图形文件，则可以选择"文件"|"全部关闭"命令来关闭全部图形文件。

1.3.5 导入文件

通过导入文件操作，可以将文件中的所有内容导入到当前文件中，CorelDRAW X6可以导入数十种不同格式的文件，用户可以根据需要进行选择。

要导入文件，可以执行以下操作之一：

★ 选择"文件"|"导入"命令。

★ 单击工具栏上的"导入"按钮。

★ 按Ctrl+I快捷键。

　　执行上述操作之一后，将调出"导入"对话框，在其中选择要导入的文件，单击"导入"按钮后，此时鼠标变为一个直角形状，并显示出导入对象的一些基本信息及基本的操作方法，如图1.15所示。将直角形状的鼠标移动到页面中的适当位置单击即可。

图1.15 打开图形后的光标状态

1.3.6　导出文件

　　在CorelDRAW中绘制好图形后，根据需要可以将此图形应用于其他的软件中进行处理时，此时要用到"导出"命令。要导出文件，可以执行以下操作之一：

★ 选择"文件"|"导出"命令。

★ 单击工具栏上的"导出"按钮。

★ 按Ctrl+E快捷键。

　　执行上述操作之一后，将调出"导出"对话框，其常用选项的介绍如下：

★ 压缩类型：对部分导出类型的文件，CorelDRAW提供了压缩选项。

★ 只是选定的：选择该选项后，仅导出在工作区及绘图页面中选中的对象，当仅需要对部分对象进行导出时，该选项非常实用。

★ 不显示过滤器对话框：选中该选项后，将按照默认的参数进行导出；反之，将根据导出的格式不同，显示不同的对话框进行更多的参数设置。

　　设置完成后单击"确定"按钮即可导出文件。

提示：

　　在"保存类型"下拉列表菜单中选择的文件格式不同，弹出的对话框也不会相同，例如，如果选择的是AI文件格式，则弹出"Adobe Illustrator 导出"对话框，如果选择的是WMF文件格式，则弹出"WMF 导出"对话框。

1.4　修改文档属性

1.4.1　设置页面尺寸

　　新建一个文件时可以在"属性栏"中选择一种适合自己的纸张类型，如图1.16所示。如果找不到所需要的页面大小，可以输入宽度及高度数值，自定义文档的页面大小。

图1.16 "属性栏"设置

　　除了上述方法外，还可以选择"工具"|"选项"命令，弹出"选项"对话框，在左侧列表中单击"文档"|"页面尺寸"选项，在其中设置参数即可。

1.4.2　设置页面方向

　　为了与正在使用的打印机或其他输出设备中的纸张相匹配，绘图页面的大小和方向是可以改变的。可以通过手动设置方向或自动将页面方向与当前的打印机及其他输出设备的设置相匹配。

同时也可以通过"属性栏"来设置页面的方向，如果想使用纵向的页面，可以单击"属性栏"上的"纵向"按钮▣。反之，如果想使用横向的页面，则可以单击"属性栏"上的"横向"按钮▣。

除利用"属性栏"设置页面方向外，还可以利用"选项"对话框设置页面方向。

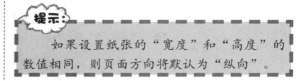
如果设置纸张的"宽度"和"高度"的数值相同，则页面方向将默认为"纵向"。

1.4.3 设置页面背景

通过对文件背景的设置，可实现不同的页面效果，CorelDRAW X6有3种设置，分别是无背景、纯色和位图背景，其设置方法如下：

打开如图1.17所示的素材图。

图1.17 素材图

★ 要将页面背景设置为一种纯色。选择"工具"|"选项"命令，在弹出对话框的左侧选择"文档"|"背景"选项卡，选中"纯色"选项，单击右侧的"颜色挑选器"，在弹出的下拉颜色列表内选择所需颜色，如图1.18所示，图1.19所示为设置的效果。

图1.18 "背景"选项卡

图1.19 设置纯色背景后

★ 要将页面背景设置为一张位图，可选中"位图"选项，单击右侧"浏览"按钮选择所需对象，选择完毕单击"导入"按钮退出对话框，如图1.20所示，得到图1.21所示效果。

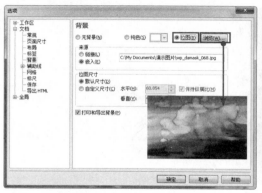

图1.20 "背景"选项卡

图1.21 设置位图背景后

1.5 设置页面视图

1.5.1 选择显示模式

在绘图窗口中，改变视图的显示模式可以改变图形或图像的外观，配合绘图的步骤选择相应的视图模式，可以更好地完成相应的操作。

在"视图"菜单中提供了6种视图模式，这些视图模式可以使图形或图像在绘图中呈现不同的显示质量，以改变屏幕的显示频率。

★ 简单线框和线框模式：这两个模式下的彩色位图以灰度的形式出现，位图以渐变和半透明的方式出现，此时位图的周围有一个边框，并可以看到下面的图形，这两种模式适合于需要调整或显示位图与其他对象的相对位置时使用，其效果如图1.22所示。

★ 草稿模式：在这种模式下图形以较低的屏幕分辨率显示，图形的显示效果较为粗糙，但屏幕的刷新率却能得到提高，这种模式适合于需要快速更新画面时选用。

★ 正常模式：通常情况下使用这种模式，能够较好的显示颜色与过渡。

★ 增强模式：在这种模式下图形的显示效果最好，线条显示光滑而且细腻，但屏幕的刷新率却有所降低，其效果如图1.23所示。

图1.22 线框模式

图1.23 增强模式

★ 像素模式：选择此模式后，会将当前文档中的内容以位图的形式显示，当显示比例超过100时，会出现马赛克。

1.5.2 调整视图显示比例

CorelDRAW X6 中的缩放是按指定的百分比同时改变对象水平方向和垂直方向的大小，从而改变对象在屏幕上的显示大小。

在工具箱中选择缩放工具，可以执行以下操作。

★ 在当前图像文件中单击鼠标左键，即可将图像的显示比例放大。单击右键则可以缩小显示比例。

★ 保持缩放工具为选择状态，按住Shift键在图像文件中单击鼠标左键，即可将图像的显示比例缩小。

★ 如果用缩放工具在图像文件中拖曳出一个矩形框，矩形框中的图像将被放大显示并充满画布。

★ 双击工具箱中的缩放工具即可最大化工作区、绘图区或正在选中的内容。

提示：

在CorelDRAW中，按空格键可以在选择工具与最近使用的其他工具之间进行切换。

除了使用缩放工具配合鼠标进行操作外，其"属性栏"上还提供了一些比较方便的缩放功能，讲解如下：

★ 缩放选定对象按钮：在当前选中了某个对象的情况下，单击此按钮或按Shift+F2键，可以依据选定对象缩放整体的视图比例。

★ 缩放全部对象按钮：单击此按钮或按F4键，将依据当前工作区及绘图区所包含的内容缩放整体视图比例。

★ 显示页面按钮：单击此按钮或按Shift+F4键，将最大化显示绘图区中的内容。

★ 按页宽显示按钮：单击此按钮，将依据页面的宽度最大化显示页面内容。

★ 按页高显示按钮：单击此按钮，将依据页面的高度最大化显示页面内容。

除了上面已经提到的快捷键外，还可以使用鼠标或快捷键实现以下的缩放操作：

★ 使用鼠标滚轮可以每次缩小或放大一倍的显示比例。

★ 按F2键，可暂时切换至缩放工具，单击或按Shift键单击一次后，自动切换回之前使用的工具。

★ 按F3键可以每次缩小一倍的显示比例。

★ 在使用手形工具的情况下，在工作区或绘图区双击即可放大显示比例，单击右键可缩小显示比例。

1.5.3 移动视图

如果放大后的图像大于画布的尺寸，或者图像的显示状态大于当前的视屏，可以使用手形工具在画布中进行拖动，用以观察图像的各个位置。在其他工具为当前操作工具时，按H键可以快速切换至手形工具。

提示：

双击工具箱中的手形工具图标，可以在保持当前显示比例不变的情况下，将画面居中显示。

1.6 纠正操作失误

CorelDRAW X6允许自由地尝试多个操作步骤，允许从最近的操作开始撤消在绘图中执行的操作，如果仍然需要撤消后的效果，可以重新执行被撤消的操作，还原为上次操作时的效果。

下面分别介绍如何执行撤消、重做及重复操作。

1.6.1 使用命令与快捷键纠错

选择"编辑"|"撤消XX"命令或按快捷键Ctrl+Z，即可撤消上一步的操作。其中的

"XX"代表最近一次执行的命令。

　　选择"编辑"|"重做"命令或按快捷键Ctrl+Shift+Z，即可恢复撤消的操作。

　　选择"编辑"|"重复XX"命令或按快捷键Ctrl+R，即可重复上一步的操作。其中的"XX"代表最近一次执行的命令。

1.6.2　使用"撤消"泊坞窗纠错

　　用"撤消"泊坞窗执行撤消、重做、重复的具体操作步骤如下所述。

01 选择"工具"|"撤消"或"窗口"|"撤消"命令，弹出如图1.24所示的"撤消"泊坞窗。

02 直接单击"撤消"泊坞窗列表框中的操作步骤，即可撤消被选中的及其后面的操作步骤。

03 如果需要再次重做，可以单击"撤消"泊坞窗列表框中的需要恢复的步骤，即可将选中的及其前面的操作步骤恢复。

04 如果单击"将列表保存至VBA宏"按钮，在设置弹出的对话框即可将列表作为一个宏的方式保存起来。

05 如果单击"清除撤消列表"按钮，可以将列表中的记录全部清除，如图1.25所示。

图1.24　"撤消"泊坞窗　　图1.25　清除后的"撤消"泊坞窗

1.7　了解位图与矢量图的相关概念

1.7.1　位图的概念

　　位图图像由一个个像素点组合生成，不同的像素点以不同的颜色构成了完整的图像，所以位图图像可以表达出色彩丰富、过渡自然的图像效果，一般由Photoshop和PhotoImpact、Painter等图像软件制作生成。除此之外，使用数码相机所拍摄的照片和使用扫描仪扫描的图像也都以位图形式保存。

　　位图的缺点表现在保存位图时电脑需要记录每个像素点的位置和颜色，所以图像像素点越多（即分辨率越高），图像越清晰，文件所占硬盘空间也越大，而在处理图像时电脑运算速度相应越慢。同时，一幅位图图像中所包含的图像像素数目是一定的，如果将图像放大，其相应的像素点也会放大，当像素点被放大到一定程度后，图像就会变得不清晰，其边缘会出现锯齿。如图1.26所示为位图图像的原始效果，如图1.27所示为图像被放大后的效果，可以看到图像放大后显示出非常明显的像素块。

图1.26　位图图像的原始效果

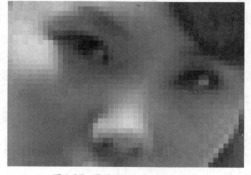

图1.27　图像被放大后的效果

常见的位图图像文件格式有PSD、JPEG、TIFF、BMP及PNG等。

1.7.2 矢量图的概念

矢量图形由一系列线条所构成，而这些线条的颜色、位置、曲率、粗细等属性都是通过许多复杂的数学公式来表达的。因此文件大小与输出打印的尺寸几乎没有什么关系，这一点与位图图像的处理正好相反。矢量图形的线条非常光滑、流畅，即使放大观察，也可以看到线条仍然保持良好的光滑度及比例相似性。如图1.28所示为使用矢量软件Illustrator所绘制的图形原始效果，如图1.29所示为图形被放大后的效果。

矢量图形的另一个优点是它们所占磁盘空间相对较小，其文件尺寸取决于图形中所包含的对象的数量和复杂程度，此类文件的尺寸通常是十几KB、几十KB，上百KB甚至几MB的文件比较少。最常见的矢量图形是企业的LOGO、卡通以及漫画等。

图1.28 矢量图形的原始效果

图1.29 图形被放大后的效果

在平面设计中经常接触到的矢量文件格式有EPS、AI和CDR等。

1.8 学习总结

本课主要讲解了CorelDRAW中的入门基础知识，通过本课的学习，读者应能够掌握新建、保存、关闭及设置文档属性等基础操作，同时还能掌握对于页面视图的设置、纠正操作失误等知识，从而为后面学习其他知识，打下一个良好的基础。

1.9 练习题

一、选择题

1. 在CorelDRAW的工作界面中，显示有新建、打开等按钮的是_____。

    A. 标准工具栏   B. "属性栏"   C. 泊坞窗   D. 状态栏

2. 以下的哪个快捷键，可用于创建新文档?_____

    A. Ctrl+N   B. Ctrl+O   C. Alt+P   D. Alt+O

3. 在CorelDRAW中，存储文件时默认的扩展名为_____。

    A. psd   B. ai   C. bmp   D. cdr

4. 在CorelDRAW中，可以为页面设置哪些类型的背景效果? _____

    A. 透明   B. 纯色   C.渐变   D.位图图像

5. 运行速度比较快，且又能显示图形效果的预览方式是_____。

    A. 简单线框   B. 线框   C. 草稿   D. 增强

6. 如果希望一份具有数页的Corel出版物文件具有统一的灰色底，下面哪一种操作最有效？_____

    A. 为每一页绘制矩形然后填充灰色

    B. 绘制一个足够大的矩形（能够容纳所有页面）并将其填充为灰色

    C. 选择"布局"|"页面背景"命令，并在弹出的对话框中选择"背景"选项进行底色设置

    D. 创建一个单页文件并绘制一个灰色矩形，将此文件保存为模板，新建文件时选择"文件"|"从模板新建"命令并将此文件选择为模板

7. 下列关于位图与矢量图的说法正确的是_____。

    A. 位图图像由一个个像素点组合生成，不同的像素点以不同的颜色构成了完整的图像，所以位图图像可以表达出色彩丰富、过渡自然的图像效果

    B. 位图图像中所包含的图像像素数目是一定的，如果将图像放大，其相应的像素点也会放大，当像素点被放大到一定程度后，图像就会变得不清晰

    C. 矢量图可以被无限的放大，而不会影响其质量

    D. 矢量图形由一系列线条所构成，而这些线条的颜色、位置、曲率、粗细等属性都是通过许多复杂的数学公式来表达的

8. 创建新文档后，不能通过"属性栏"设定的是_____。

    A. 页面大小   B. 页面方向   C. 分辨率   D. 单位

二、填空题

1. 按_____键可以调出"打开绘图"对话框。

2. 按_____键可以将当前文档导出为其他格式的文件。

3. 双击工具箱中的_____，可以在保持当前显示比例不变的情况下，将画面居中显示。

4. 选择"编辑"菜单中的_____命令或按快捷键Ctrl+Shift+Z，即可恢复撤消的操作。

三、上机题

1. 新建一个文件，然后将其以"空白文档"为名，保存在"我的文档"中。

2. 打开随书所附光盘中的文件"第1课\1.9 题2-素材.cdr"，使用选择工具单击红色的图形将其选中，如图1.30所示，使用两种方法将该文字另存为新的文档。

3. 打开随书所附光盘中的文件"第1课\1.9 题3-素材1.cdr"，如图1.31所示，打开随书所附光盘中的文件"第1课\1.9 题3-素材2.jpg"，设置为其背景，得到如图1.32所示的效果。

图1.30 选中对象   图1.30 素材1   图1.32 完成后的效果

第2课
构成设计：CoreIDRAW必学基础知识

在继续深入学习CoreIDRAW知识之前，我们还应该对CoreIDRAW的页面管理、对象管理以及基本辅助功能有所了解。尤其要注意的是，页面管理与对象管理之间存在着一个交叉关系，在学习时要注意二者的区别与关联。

2.1 构成设计概述

2.1.1 构成的概念

构成就是指将不同形态的几个元素，以一定的形式美法则及规律，将其重组成为一个新的元素。通俗的说构成的法则就像是一个数学公式，可以将一个值导入到公式中进行运算，最终得到一个结果，在这里要导入到公式中的"值"就代表了所使用的元素，而运算得到的结果就是我们所设计出来的作品，当然这个结果也会由于个人对法则的理解与掌握的程度出现千差万别的变化。

从维度方面区别，构成主要有二维方向上的平面构成，及三维立体空间的立体构成两种。

如果依据构成的内容来划分，主要有三大构成，即平面构成、立体构成、色彩构成。

2.1.2 平面构成的概念及特点

平面构成是造型设计中的一项基础内容，是一种最基本的造型活动。所谓"平面"是指造型活动在二维空间中进行，所谓"构成（Composition）"是将造型要素按照某种规律和法则组织、构建理想形态的造型行为，是一种科学的认识和创造的方法。因此平面构成就是在二维平面内创造理想形态，或是将既有形态按照一定法则进行分解、组合，从而构成理想形态的造型设计。

平面构成反映出了自然界的运动变化的规则，因此它具有以下两个特点：

★ 以知觉为基础：平面构成将自然界中的复杂过程及内容，以最为简单的点线面，通过分解、变化及组合等方式表现出来，从而反映出客观现实所具有的规律。

★ 以理性思维为导向：平面构成运用了视觉反应及数学逻辑等思维过程，依据主观意识对图形图像进行重新设计，从而表现出各种不同形状的画面。

2.1.3 平面设计与平面构成的关系

要了解平面设计与平面构成之间的关系，首先应该了解一下平面设计的概念。

平面设计是指在二维空间内，将文字、色彩及图像三大要素，以构成形式美的规律及法则，按照一定的创意构思及诉求点等内容，将各个元素结合在一起，以达到一定的视觉传达目的。

平面设计领域非常广泛，最为常见的是平面广告、招贴设计、包装设计、装帧设计、宣传册设计、图形/图像/文字视觉艺术设计、插画设计、VI设计等，如图2.1所示为一些优秀的平面设计作品。

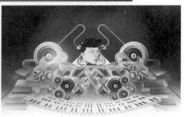

图2.1 优秀平面设计作品欣赏

简单的说，平面构成与平面设计的关系可以理解为，平面构成是平面设计的理论设计基础。平面设计被划分成为很多个不同的领域，如前面提到过的广告设计、包装装帧设计及插画设计等，通过在上面所展示的各领域的优秀作品可以看出，这些作品中的内容都可以用平面构成的元素（例如点、线、面等）及形式（例如对称、发散等）解释出来，这也就充分证明了二者之间的关系。

> **提示：**
>
> 在此所提到的平面构成的元素及形式，将在本书后面的课节中进行讲解，所以在此处有无法理解的内容，可以先学习本书后面关于平面构成的相关内容，直至对其有一个大致的认识以后，再来理解平面构成与平面设计之间的关系，这样更容易达到事半功倍的效果。

从广义上来讲，我们完全可以将平面构成理解成为平面设计，因为它们同样都需要以美的秩序和规则来构成画面，最终目的都是为了达到一个理想形态的设计。

不同的是，平面构成作品仅是为了展示各元素之间的关系，从某一角度上可以将其

理解成为非常抽象的东西，而平面设计则不然，无论是广告设计、图形图像视觉艺术设计、插画设计以及包装装帧设计等其他任意一个设计领域，从其内容或目的上来说，都是带有很强的具象性。

2.1.4 色彩构成的概念

色彩构成作为一种设计语言，包含许多前人对色彩概念、色彩属性认识过程中总结性的知识，通过学习能够使设计师在较短的时间内掌握色彩的基础理论，掌握色彩科学与艺术的规律，如果能够应用到艺术设计实践中，则可以大幅度提高设计作品的美感。

色彩学家约翰内斯·伊顾曾说过：对色彩的认真学习是人类一种极好的修养方法，因为它可以帮助人们对自然万物内在必然性具有一种知觉力。要掌握住这些东西，就要去体验整个自然界生物的永恒规律，要认识这个必然性，就要抛弃个人的任性，遵循自然规律，适应人类环境。

2.1.5 色彩的三要素

虽然我们能够看到与辨识的色彩可以达到百万数量级，但依靠个人的主观感觉与语

言是无法清晰的给他人传统这些颜色信息的，因此必须要根据色彩最本质的共性将这些颜色加以归纳与综合，所有颜色都具有的共性是这些颜色都具有色相、纯度、明度的性质，对于任意一种颜色而言，它的任意一种属性发生变化时，这种颜色本身就发生了变化，下面详细讲解这三种属性。

色相

色相的英文全称为Hue，简写为H。它决定了我们看到的色彩是"何种颜色"，例如赤（红）、橙、黄、绿、青、蓝、紫就是几种最具有代表性的、本身具不同色相的颜色。例如图2.2所示为使用不同色相的插画作品。

图2.2 不同色相示例

纯度

纯度的英文全称为Value，简写为C，亦被称为色度或饱和度。它是指某颜色的纯净程度，主要用于表现在某颜色中，是否包括黑、白及灰色成份在内，如果不包括任何黑白灰色，就可以将其理解成为在该色相下纯度最高的颜色，反之则纯度就会下降。例如图2.3所示为不同饱和度的作品示例。

图2.3 不同饱和度示例

不同纯度的颜色会给人以非常不同的心理感受，例如高纯度颜色给人感觉积极、冲动、热烈，有膨胀、外向、活泼、生气的感觉；低纯度颜色给人感觉消极、无力、陈旧、安静、无争的感觉；居于中间的纯度颜色体现了中庸、可靠、温润的感受。

明度

明度的英文全称为Chroma，简写为V。它主要用于表示色彩的明暗程度，不同的颜色反射的光量不一，因而会产生不同程度的明暗。例如暗黄色、黄色以及淡黄色等色彩名称，就是我们依据该颜色在亮度上的差异而进行命名的，所有颜色中明度最高的是白色，明度最低的是黑色。

彩色也有各种不同的明度，在可见光谱中，黄色最亮，紫色最暗，其他颜色处于黄紫之间，即便是同一个色系，也会有各自的明暗变化。如在颜料中有较亮的朱红、有较暗的深红，还有大红、玫瑰红，虽然，这些颜色都属于同一个红色系中，但每一种颜色的明度都有所不同。

彩色不断加入白色时，明度就会提高，而如果不断加入黑色，明度就会降低。

与纯度相同，不同明度的色彩也会给人以不同的心理感受，高明度基调给人以明亮、清爽、纯净、唯美等感受，而中明度基调给人带来的是朴素、稳重、平凡、亲和的心理感受，低明度基调则会让人感觉压抑、沉重、浑厚、神秘。

2.2 多页文档设置

CorelDRAW具有创建多页文档的功能，这一功能使其能够胜任设置多页面的宣传手册、说明书等设计任务，下面讲解如何在CorelDRAW中增加页面、删除页面。

2.2.1 添加页面

要添加新的页面，比较快捷的方法有以下几种：

★ 单击页面计数器中的加号按钮🔲，可以在当前所选页面的后面插入新页面。

★ 在某页面上单击右键，在弹出的菜单中选择"在后面插入页面"或"在前面插入页面"命令，即可在当前页面的后面或前面添加新页面。

如果要在插入页时设置更多的参数，可以使用"插入页"命令来增加一个或多个新页面。其具体操作步骤如下所述。

01 选择"布局"|"插入页面"命令，弹出如图2.4所示的"插入页面"对话框。

02 在"页码数"数值框中输入要增加的页面数。

03 选择"之前"或"之后"选项，以决定新页面相对于当前页面的位置。

04 在"现存页面"数值框中输入新的页面编号，可以改变新插入页面的相对位置。

05 在"页面尺寸"区域中，可以设置新插入页面的大小、宽度、高度及方向等属性。

06 单击"确定"按钮，增加页面前后的导航器显示效果，如图2.5所示。

图2.4 "插入页面"对话框

图2.5 插入页面前后的导航器状态

2.2.2 删除页面

删除页面就是将一些不需要的页面从工作区中删除。删除页面的具体操作步骤如下所述。

01 选择"布局"|"删除页面"命令，弹出如图2.6所示的"删除页面"对话框。

02 在"删除页面"数值框中输入要删除的页码，可以直接输入需删除的那页，也可以同时删除多

页，当选择"通到页面"选项，并在后面的数值框中输入目标页数值，即可删除多页。

03 单击"确定"按钮，删除页面前后导航器的显示效果如图2.7所示。

图2.6 "删除页面"对话框

图2.7 删除页面前后的导航器状态

　　直接在要删除的页面上单击右键，在弹出的菜单中选择"删除页面"命令，即可在不弹出提示框的情况下，删除选定页面。

2.2.3 复制页面

　　要复制页面，可以在要复制的页面上单击右键，在弹出的菜单中选择"再制页面"命令，或选择"布局"|"再制页面"命令，此时将弹出如图2.8所示的对话框，按如图2.9所示进行设置，复制前后的页面，复制得到的页面将按照默认的名称进行命名。

图2.8 "再制页面"对话框

图2.9 复制页面前后的效果对比

2.2.4 定位页面

　　如果一个文件中包含有多个页面，而又无法直接选择所需要的页面，可以通过"转到某页"命令来准确地定位到所要的页面。

　　定位页面的具体操作步骤如下所述。

01 选择"布局"|"转到某页"命令，弹出如图2.10所示的"转到某页"对话框。

02 在"转到某页"数值框中输入要转到的页面页码。

03 单击"确定"按钮，执行此操作前后的导航器显示效果如图2.11所示。

图2.10 "转到某页"对话框

图2.11 转到某页前后的导航器状态

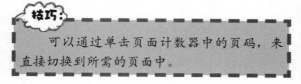

　　可以通过单击页面计数器中的页码，来直接切换到所需的页面中。

2.2.5 重命名页面

　　重命名页面即给页面重新定义一个名字，重命名页面后可以更加轻松方便地找到需要的页面。

　　重命名页面的具体操作步骤如下所述。

01 选择需要重命名的页面，并选择"布局"|"重命名页面"命令，弹出如图2.12所示的"重命名页面"对话框。

02 在"页名"文本框中输入页面新名称，单击"确定"按钮，导航器的效果如图2.13所示。

图2.12 "重命名页面"对话框

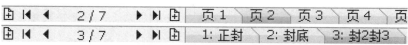

图2.13 重命名页面前后的导航器状态

2.3 使用"对象管理器"管理对象

2.3.1 了解"对象管理器"

所有 CorelDRAW 绘图都由叠放的对象组成。这些对象的垂直顺序（即叠放顺序）决定了绘图的外观。

可以使用被称为图层的不可见平面来组织这些对象。有图层的帮助可以让我们的工作变得井然有序。选择"工具"|"对象管理器"命令，显示出"对象管理器"泊坞窗，如图2.14所示。

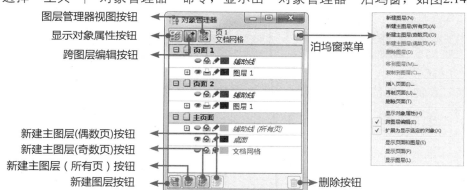

图2.14 "对象管理器"泊坞窗

下面来讲解一下"对象管理器"泊坞窗中的基本功能。

★ 图层管理器视图按钮▣：单击此按钮，可以在弹出的菜单中选择"所有页、图层和对象"或"仅当前页和图层"命令，以控制显示的范围。

★ 显示对象属性按钮▣：此按钮可以控制是否在泊坞窗中显示各个对象的属性，取消选中此按钮时即代表不显示对象属性信息。

★ 跨图层编辑按钮▣：在选中此按钮的情况下，可以直接对任意图层中的对象进行选择与编辑；反之，只有选中某个图层时，才可以编辑其中的对象。

★ 新建主图层（奇数页）按钮▣与新建主图层（偶数页）按钮▣：单击这两个按钮，可以分别在奇数页和偶数页创建主图层。

★ 新建主图层（所有页）按钮▣：单击此按钮，可以在主页面中按顺序创建主图层。

★ 新建图层按钮▣：单击此按钮可以在当前所选页面中创建一个普通图层。

★ 删除按钮▣：单击此按钮可以删除选中的图层。但默认的辅助线、桌面及网格等无法删除。

★ 显示或隐藏按钮▣：当此按钮显示为▣状态时，即显示当前图层的所有内容；显示为▣状态时，即隐藏当前图层的所有内容。

★ 启用还是禁用打印和导出按钮🖨：当此按钮显示为🖨状态时，即表示当前图层中的所有内容均可打印和导出；显示为🖨状态时，则不可以打印和导出。默认情况下，辅助线和网格图层均为不可打印状态。

★ 锁定或解锁按钮🖉：当此按钮显示为🖉状态时，即表示当前图层中的内容均可编辑；显示为🖉状态时，则当前图层中的所有对象均被锁定而不可编辑。

2.3.2 了解图层、页面与对象

"对象管理器"泊坞窗是通过"页面"、"图层"、"对象"的结构形式来管理图形对象的，简单来说，其包含关系就是页面包含图层、图层包含对象。

另外，CorelDRAW中的页面类型可分为主页面与（普通）页面，对应的图层类型分别为主图层与（普通）图层，同时，主页面中的内容可以影响所有的（普通）页面。

图2.15所示是页面、图层及对象的关系示意图。

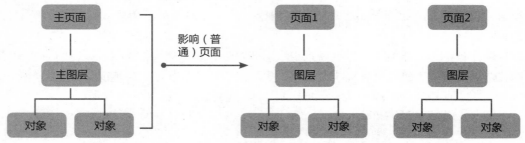

图2.15 页面、图层及对象的关系示意图

在了解了页面、图层及对象之间的基本关系后，下面来熟悉一下与之相关的操作。

2.3.3 主页面

每个文件都有主页面，默认的主图层包括文档网格、辅助线（所有页）和桌面等3个默认的图层，且它们均为不可删除的图层，下面来介绍一下这3个默认图层的作用。

★ 文档网格图层：此图层为网格的专用图层，可以显示该图层以显示网格，也可以选择"视图"｜"网格"｜"文档网格"命令显示或隐藏网格。

★ 辅助线（所有页）图层：此图层为辅助线的专用图层。

★ 桌面图层：此图层用于摆放主页面中除网格和辅助线以外的对象。

可以使用主图层在每一页上插放页眉、页脚或静态背景。如图2.16所示是在主页面中创建的元素，如图2.17所示是在普通页面中添加其他元素后的状态。

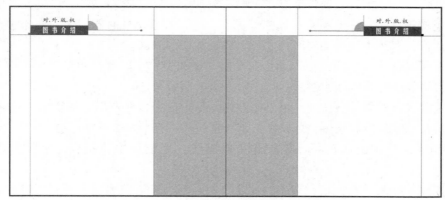

图2.16 主页面中的对象

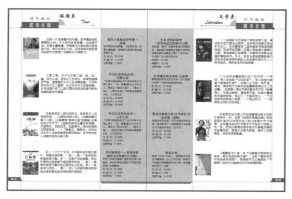
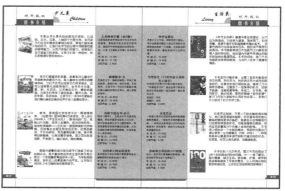

图2.17 依据主页面制作的普通页面

2.3.4　重命名图层

要重命名图层，可以按照下面的方法操作。

★　在选中某个图层的情况下，单击其图层名称，此时变为可输入状态，输入新名称并按Enter
键确认即可。

★　在要重命名的图层上单击右键，在弹出的菜单中选择"重命名"命令，如图2.18所示，此
时变为可输入状态，输入新名称并按Enter键确认即可。

为便于管理对象，图层的名称最好能够最大限度的体现图层中的内容，如图2.19所示。

图2.18 选择"重命名"命令　　　　图2.19 根据图层中的对象重命名图层

2.3.5　删除图层

要删除图层，可以按照下面的方法操作。

★　在选中某个图层的情况下，单击"对象管理器"泊坞窗右下角的删除按钮。

★　在要删除的图层上单击右键，在弹出的菜单中选择"删除"命令即可。

> **提示：**
>
> 　删除图层的同时也将删除该图层上的所有对象，若要保留其中的内容，可以将对象移至其他
> 图层中。

2.3.6　在图层中选择对象

在前面的学习过程中，我们已经知道，图层中可以显示其中所包含的对象，同时，我们也

可以通过在"对象管理器"中选中这些对象，从而在绘图区中选中对应的图形。

若要选中单个对象，可以直接单击，如果要选中多个对象，可以按住Shift键单击对象，如图2.20所示，按Ctrl键单击可以选中非连续的对象，如图2.21所示。

图2.20 选择多个连续对象

图2.21 选择多个非连续对象

提示：

若要选择多个图层上的多个对象或对象群组，可以选中跨图层编辑按钮，再按住Ctrl键来选择同一图层或不同图层上的多个对象。

2.3.7 在图层中移动/复制对象

在CorelDRAW中，可以在不同的图层间轻松移动对象，以改变当前工作作品的外观形态。下面来讲解一些在图层之间进行移动和复制对象的操作方法。

使用泊坞窗菜单命令

使用泊坞窗菜单命令复制和移动位置的具体操作步骤如下所述。

01 显示"对象管理器"泊坞窗，在其中（也可在绘图区中）选中要移动的对象，如图2.22所示。

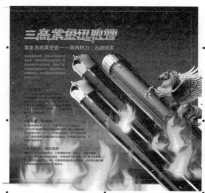

图2.22 选中对象

02 单击"对象管理器"泊坞窗右上角的泊坞窗按钮，在弹出的菜单中选择"移到图层"或"复制到图层"命令。

03 将鼠标移动到目标图层上，此时鼠标变为→状态，如图2.23所示。

04 单击目标图层即可将选择的对象移动或复制到目标图层中。图2.24所示是将对象移动到目标位置后的"对象管理器"泊坞窗。

图2.23 在目标图层的鼠标形状

图2.24 移动后的"对象管理器"泊坞窗

使用鼠标拖动

除了使用命令移动或复制对象外，也可以在"对象管理器"泊坞窗中，直接使用鼠标将选中的对象拖动到目标位置，其操作方法与改变图层的顺序基本相同，在目标位置出现黑色的直线时，如图2.25所示，释放鼠标即可，如图2.26所示。

在将对象拖至目标位置时，如果将光标置于某个对象的上方，此时光标将变为如图2.27所示的状态，释放鼠标后，目标位置的对象将与刚刚拖动的对象编组在一起，如图2.28所示。

图2.25 移动对象

图2.26 移动后的状态

图2.27 移动对象并编组

图2.28 移动并编组后的状态

另外，也可以使用鼠标右键拖动对象，此时光标将变为 状态，如果将光标置于目标对象后面，如图2.29所示，将弹出如图2.30所示的菜单，如果将光标置于目标对象之间，如图2.31所示，则弹出如图2.32所示的菜单，然后在其中选择合适的命令即可。

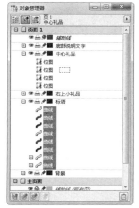

图2.29 置于目标之后

图2.30 弹出菜单

图2.31 置于目标之间

图2.32 弹出菜单

2.4 设置辅助线

辅助线是可放置在绘图窗口任何位置以帮助放置对象的一种直线，辅助线分为三种类型：水平辅助线、垂直辅助线和倾斜辅助线。倾斜辅助线是CorelDRAW有别于其他矢量绘图软件的特色功能之一。下面讲解有关于辅助线的各种操作。

2.4.1 添加辅助线

添加辅助线的操作很简单，首先需要显示出标尺，默认情况下标尺就是处于显示状态的，否则可以选择"视图"|"标尺"命令将其显示出来。

在添加辅助线时只需要将光标放在标尺上，向页面内部拖动，即可从水平或垂直标尺上拖动出一条水平或垂直辅助线。

有些情况下，可能需要为页面添加位置精确的辅助线，要精确添加"水平"和"垂直"辅助线的具体操作步骤如下所述。

01 选择"视图"|"设置"|"辅助线设置"命令，弹出"选项"对话框，在左侧列表中选择"水平"或"垂直"选项。

02 在"水平"选项数值框中输入要放置水平辅助线的数值。在"垂直"选项数值框中输入要放置垂直辅助线的数值，同时可以在"单位"下拉列表框中选择合适的单位。

03 单击"添加"按钮，即可添加辅助线，如图2.33所示，添加完成后单击"确定"按钮。

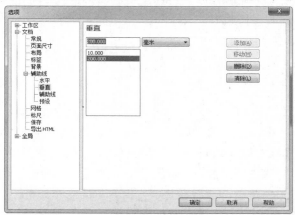

图2.33 设置垂直辅助线

要改变辅助线的位置，可以在使用选择工具 选中辅助线后，在"属性栏"中设置其x或y的数值。

2.4.2 添加倾斜辅助线

添加倾斜辅助线的方法有两种，第一种方法能够添加倾斜角度任意的辅助线，第二种方法能够添加具有精确倾斜角度的辅助线。

添加任意角度的"倾斜"辅助线的具体操作步骤如下所述。

01 单击工具箱中的选择工具 ，将光标置于"水平"或"垂直"标尺上。

02 按住鼠标左键，将辅助线拖动到绘图窗口后释放鼠标左键，再次单击该辅助线，此时旋转标记的中心出现在辅助线的中间，双向箭头为旋转和倾斜的手柄，如图2.34所示。

03 将光标置于两端的旋转句柄上并拖动即可旋转辅助线，如图2.35所示，图2.36所示是释放鼠标左键后的状态。

图2.34 调出辅助线的调整句柄

图2.35 旋转辅助线

图2.36 旋转后的状态

 提示：

添加倾斜辅助线也可以在拖出辅助线后，通过在辅助线"属性栏"中的"旋转"输入框中输入要旋转的角度来实现。

精确添加"倾斜"辅助线的具体操作步骤如下所述。

01 选择"视图"|"设置"|"辅助线设置"命令，弹出"选项"对话框。

02 单击左侧列表中的"文档"|"辅助线"|"辅助线"选项，得到如图2.37所示的对话框。

图2.37 设置辅助线

★ 在"指定"下拉列表框中，如果选择"角度和1点"选项，可以直接在"角度"数值框中输入角度值；如果选择"2点"，则需要在"X"和"Y"及"X1"和"Y1"数值框中分别输入坐标的端点。

★ X/Y：在此输入数值，可以调整辅助线在水平/垂直方向上的位置。

★ 角度：在此输入数值，即可精确的调整辅助线的角度。

03 输入完成后单击"添加"按钮即可添加辅助线。设置完成后单击"确定"按钮。

2.4.3 对齐辅助线

通过"属性栏"使对象对齐辅助线的具体操作步骤如下所述。

01 单击工具箱中的选择工具，选中任意一条辅助线。

02 单击"属性栏"上的"贴齐辅助线"按钮 即可。在接下来的绘图中绘制的图形对象将对齐至距对象最近的辅助线。

利用"选项"对话框使对象对齐辅助线的具体操作步骤如下所述。

01 选择"工具"|"选项"命令,在"选项"对话框中选择"文档"|"辅助线"选项。

02 选择"贴齐辅助线"选项,设置完成后单击"确定"按钮即可。

选择"视图"|"对齐辅助线"命令,同样可以使对象与辅助线对齐。

2.4.4　显示与隐藏辅助线

要设置辅助线的显示与隐藏,可以反复选择"视图"|"辅助线"命令,当"辅助线"命令前面出现图标 时,代表显示辅助线,反之就是隐藏。

2.4.5　锁定与解锁辅助线

辅助线锁定的具体操作步骤如下所述。

01 单击工具箱中的选择工具 ,鼠标变成选择工具 形状时选择辅助线,辅助线将反白显示。

02 选择"排列"|"锁定对象"命令即可将选择的辅助线锁定。

解除锁定辅助线的具体操作步骤如下所述。

01 单击工具箱中的选择工具 ,鼠标变成选择工具 形状时选择辅助线,辅助线将反白显示。

02 选择"排列"|"解锁对象"命令即可将锁定的对象解除。

> **提示:**
>
> 在选取辅助线时右击辅助线,在弹出的菜单中选择"锁定对象"或"解锁对象"选项,同样可以锁定辅助线或解除锁定辅助线。

2.4.6　删除辅助线

使用选择工具 选择需要删除的辅助线,直接按Delete键可以快速删除辅助线。如果要按辅助线的位置删除辅助线,可以执行以下具体操作步骤。

01 选择"视图"|"设置"|"辅助线设置"命令,弹出"选项"对话框。

02 在左侧列表中单击"水平"、"垂直"或"辅助线"选项,在"水平"或"垂直"列表中选择要删除的辅助线,单击对话框中的"删除"按钮即可删除辅助线。若要删除所有的辅助线,则单击"清除"按钮即可。

03 删除完成后单击"确定"按钮即可。

> **提示:**
>
> 被锁定的辅助线或对象不能直接删除,如果需删除锁定的辅助线或对象,应先解除锁定的对象,再进行删除操作。

2.5　设置网格

网格是一系列纵横相交的虚线,是一种简捷的图形定位方式,不但可以确定对象相对于其他对象以及绘图页面的位置,而且还可以保证对象在移动时能自动的与网格对齐。

　　要在页面上显示网格线，只需要选择"视图"|"网格"命令即可。

　　默认情况下的网格大小不一定能够满足工作的需要，此时可以设置网格的具体参数，操作步骤如下所述。

01 选择"工具"|"选项"命令，弹出"选项"对话框。在左侧列表中选择"文档"|"网格"选项，显示如图2.38所示的"网格"选项框。

图2.38 设置网格

02 在"水平"和"垂直"数值框中输入新数值，可以确定"水平"和"垂直"网格的间距。数值越小间距越小，反之则越大。

03 设置完毕后，单击"确定"按钮退出对话框即可。

　　若要快速进入网格的设置对话框，可以在标尺上单击右键，在弹出的快捷菜单中选择"栅格设置"命令。

2.6 学习总结

　　在本课中，主要讲解了多页文档的设置、对象的管理以及辅助线与网格的用法。通过本课的学习，读者应掌握添加、删除、复制页面等基本操作，掌握使用"对象管理器"对主页、图层进行基本设置的相关操作，同时，还应该熟练使用辅助线及网格功能，进行辅助定位及区域划分等设置。

2.7 练习题

一、选择题

　　1. 下列使用对象管理器可以完成的操作有＿＿＿＿。

　　　A. 删除图层　　　　　　　　　　B. 创建新图层

　　　C. 选中图层中的对象　　　　　　D. 移动或复制图层中的对象

　　2. 要删除当前页面，下列操作正确的是＿＿＿＿。

A. 直接按Delete键

B. 按小键盘上的Delete键

C. 在当前页面标签上右击，在弹出的菜单中选择"删除页面"命令

D. 选择"文件"|"删除页面"命令

3. 下列可以在CorelDRAW中添加的辅助线类型有_____。

A. 透明辅助线　　　　　　B. 水平辅助线　　　　　C. 垂直辅助线　　　　　D. 倾斜辅助线

二、填空题

1. 在某页面上单击右键，在弹出的菜单中选择_____命令，即可在当前页面的后面或前面添加新页面。

2. 如果要选中多个对象，按住_____键单击可以选择连续的对象，按_____键单击可以选中非连续的对象。

3. 若要选择多个图层上的多个对象或对象群组，可以选中_____，再按住Ctrl键来选择同一图层或不同图层上的多个对象。

三、上机题

1. 假设某封面开本尺寸为185*230，书脊厚度为18mm，无勒口，创建一个完整的封面文件。

2. 打开上一步创建的封面文件，显示出出血辅助线，并为书脊部分添加辅助线。

3. 打开随书所附光盘中的文件"第2课\2.7 题3-素材.cdr"，如图2.39所示，以中间的六边形为基础，创建得到图中所示的辅助线。

图2.39 添加辅助线

第3课
标志设计：绘制图形

CorelDRAW提供了非常丰富的图形绘制功能，除了绘制标准几何图形，如矩形、圆形、星形及多边形外，还提供了更多更高级的自定义图形绘制工具，其中以贝塞尔工具、钢笔工具、手绘工具及3点曲线工具等最为常用，本课将针对这些常用的图形绘制工具进行讲解。

3.1 标志设计概述

■ 3.1.1 标志设计的概念与特性

在了解标志的概念之前，首先应该了解一下VI系统。VI又称为VIS，是英文Visual Identity System的缩写，指将企业的一切可视事物进行统一的视觉识别表现和标准化、专有化，通过VI将企业形象传达给社会公众。视觉识别是理念识别的外在表现，理念识别是视觉识别的精神内涵。没有精神理念，视觉传达只能是简单的装饰品；没有视觉识别，理念识别也无法有效地表达和传递，因此两者相辅相成。

在VI的各种要素中，标志是第一形象要素，也称为LOGO，指那些造型美观、意义明确的统一、标准的视觉符号，它不仅是所有视觉设计要素的主导力量，也是整个视觉要素的中心，更是大众心目中的企业、品牌的象征，如图3.1所示。

图3.1 标志示例

鉴于在VI系统的各种要素中均出现企业的标志，在某种程度上说，标志的设计成功与否决定了整个VI系统是否能够成功。一个优秀的标志具有以下特征，这些特征也同时成为判断一个企业的标志是否设计优秀的标准。

★ 识别性。识别性是标志的基本功能。借助独具个性的标志，来区别本企业及其产品的识别力，是现代企业市场竞争的"利器"。因此经过设计的标志，必须具有独特的个性和强烈的视觉冲击力。

★ 领导性。标志是企业视觉传达要素的核心，也是企业开展信息传达的主导力量。标志的领导地位是企业经营理念和经营活动的集中表现，贯穿和应用于企业的所有相关的活动中，而且还体现在视觉要素的一体化和多样性上，其他视觉要素都以标志构成整体为中心而展开。

★ 同一性。标志代表着企业的经营理念、企业的文化特色、企业的规模、经营的内容和特点，因而是企业精神的具体象征。因此，可以说社会大众对于标志的认同等于对企业的认同。只有企业的经营内容或企业的实态与外部象征——标志相一致时，才有可能获得社会大众的一致认同。

★ 显著性。显著是标志又一重要特点，绝大多数标志的目的是引起人们注意，因此色彩强烈醒目、图形简练清晰非常必要。

★ 准确性。无论标志采取什么样的设计方式及什么形式的构成，其含义必须准确。首先要易懂，符合人们的认知规律。其次要准确，以避免出现意料之外的多解或误解。

★ 艺术性。标志应该具有某种程度上的艺术性，既符合实用要求，又符合美学原则，给予人美感，这也是人们越来越高的文化素养的体现和审美心理的需要。

★ 时代性。现代企业面对发展迅速的社会，日新月异的生活和意识形态，不断的市场竞争形势，其标志形态必须具有鲜明的时代特征。

3.1.2　标志设计的基本原则

标志设计是一种图形艺术设计，它与其他图形艺术表现手段既有相同之处，又有其独特的艺术规律，由于标志的设计对简练、概括、完美的要求十分苛刻，因此其设计难度比之其他任何图形艺术设计都要大得多。

VI中标志设计要素与一般商标不同，最重要的区别在于VI中设计要素是借以传达企业理念、企业精神的重要载体，而脱离了企业理念、企业精神的符号只能称作普通的商标而已。优秀的VI设计无不是在表达企业理念方面取得成功的。

设计应在详尽明了设计对象的使用目的、适用范畴及有关法规等有关情况和深刻领会其功能性要求的前提下进行。

★　设计要符合人们的接受能力、审美意识、社会心理和禁忌。

★　构思须慎重，力求深刻、巧妙、新颖、独特，表意准确，能经受住时间的考验。

★　构图要简练、美观及有艺术性。

★　色彩要单纯、强烈、醒目。

在各应用项目中，标志运用最频繁，它的通用性便不可忽视。标志除适应商品包装、装潢外，还要适宜电视传播、霓虹灯装饰、建筑物、交通工具等，以及各种工艺制作及有关材料，包括各种压印、模印、丝网印和彩印等，在任何使用条件下确保其清晰、可辨。

总之，遵循图形设计的艺术规律，创造性的设计出能够完美表现企业经营理念、性质的标志，锤炼出具有高度美感的标志，是标志设计艺术追求的准则。

3.1.3　标志的常用设计手法

重复

重复手法是指在标志中多次利用相同或相似的元素，并以一定的规律进行位置、颜色上的调整，给人以一种节奏感和秩序感，如图3.2所示。

图3.2　重复设计手法示例

重叠

在一个标志设计作品中，我们可以使用很多元素，以获得千变万化的标志设计，此时往往需要将几个元素重叠在一起摆放，以构成新的图像，并能够让标志更加层次化、立体化，如图3.3所示。

图3.3　重叠设计手法示例

对比

在标志设计中，一个恰当的对比，可以给人留下很深刻的印象。从数量上来说，我们可以采用多种元素进行对比，而在对比的形式上则可以多样化，比如大小、色彩、位置以及方向等，以强调同一种造型中不同部分的差异性，如图3.4所示。

对称

对称是构成形式美最常见也最常用的法则之一，简单来说就是力求标志中的元素以均衡的形态展现出来，如图3.5所示。

图3.4 对比设计手法示例

图3.5 对称设计手法示例

渐变

渐变主要是以某一元素作为基础，可以是形态、色彩以及数量等，在不发生根本性变化的同时进行过渡，比如从大到小、从某一个颜色过渡到另外一个颜色等，如图3.6所示。

图3.6 渐变设计手法示例

突破

简单来说，突破手法是以中规中矩的元素作为基础，然后在某一个位置进行突破性的变化处理，使这一部分变得更加引人注目，如图3.7所示。

图3.7 突破设计手法示例

连形

又称为连接、一笔手法，较常见于文字型标志中，即将文字的笔划连接在一起，从始至终连绵不断、一气呵成，如图3.8所示。

图3.8 连形设计手法示例

维度

带有维度的事物总能给人以强烈的立体感和空间感，因此在视觉上很容易抓住人们的目光，如图3.9所示。

图3.9 维度设计手法示例

3.2 图形对象的基本属性设置

3.2.1 填充与轮廓色的基本设置方法

图形对象的基本属性主要包括填充与轮廓两部分。通常情况下，用户可以在调色板中快速完成填充与轮廓的设置，如图3.10所示。

以设置图形的填充属性为例，用户可以先在绘图区中绘制图形对象并利用选择工具选择需要填充颜色的对象，用鼠标左键单击调色板中想要填充的颜色，就可以将选择的颜色均匀地填充到选择对象中。

如果在调色板中看不到想要的颜色，可以单击调色板下边的滚动箭头查看调色板中的其他颜色，也可以单击调色板下方的展开按钮◢，使调色板中的所有颜色都显示出来。

如果在某种颜色上面按住鼠标左键，将显示出一种弹出式调色板，该调色板显示出了与这种颜色相近的其他49种颜色，如图3.11所示。

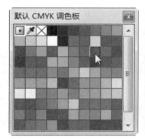 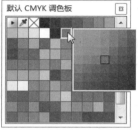

图3.10 CMYK调色板　　图3.11 弹出式调色板

在设置图形的轮廓色时，也可以在调色板中完成，不同的是，在选中图形对象后，需要在颜色上单击鼠标右键，从而为图形应用相应的轮廓色。

▌3.2.2 实战演练：为标志上色

本例主要是利用基本的颜色设置方法设计一款标志，其操作步骤如下：

01 打开随书所附光盘中的文件"第3课\3.2.2 实战演练：为标志上色-素材.cdr"，如图3.12所示。

02 使用选择工具▨单击并选中文字"美丽湾"。

03 在调色板中设置为青色，如图3.13所示，得到如图3.14所示的效果。

图3.12 素材图像

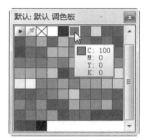

图3.13 选择颜色

图3.14 设置颜色后的效果

04 按照第2～3步的方法，选中英文及右侧的各个图形，然后在调色板中为其设置颜色，直至得到如图3.15所示的效果。

图3.15 最终效果

3.3 线条工具

▌3.3.1 折线工具

使用折线工具▨可以绘制出不同形状的多点曲线或折线，其"属性栏"如图3.16所示。

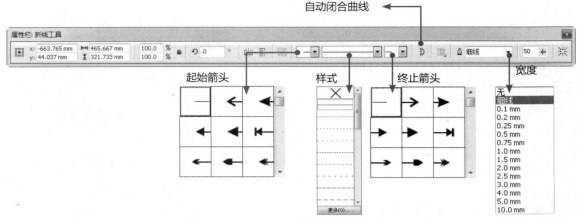

图3.16 折线工具的"属性栏"

★ 起始箭头/终止箭头：在此可以设置线条起始及终止位置的箭头样式，单击"其他"按钮，在弹出的对话框中可以自定义箭头的样式。

★ 样式：此处可以设置线条的样式，如虚线、点线及实线等，单击"其他"按钮，在弹出的对话框中可以自定义线条的样式。

★ 宽度：在此处选择或输入数值，可以设置线条的粗细。

★ "自动闭合曲线"按钮⓪：选中此按钮后，在任何情况下，双击鼠标左键完成绘制时，都会自动将终点与起点连接在一起。

绘制曲线

　　要使用折线工具⚏绘制曲线，可以先单击鼠标左键以确定第一点，按住左键不放并拖动绘制曲线，绘制好后双击鼠标即可。

绘制闭合折线

　　折线工具⚏除了可以绘制普通的线条外，也可以绘制封闭的图形，从而创建多边形，其操作方法如下所述。

01 选择折线工具⚏。

02 将光标移动到绘图区中，此时光标变为⊹状态。

03 单击鼠标左键以确定第一点，逐步单击绘制多点折线。

04 绘制完成后，如果仍然是一个开放图形，可以双击鼠标完成绘制；如果要绘制闭合的对象，可以将光标移至第一个点的位置，此时光标变为⊹状态，单击即可闭合图形并完成绘制。

3.3.2　实战演练：中建动力标志设计

　　本例主要是使用折线工具来设计一款标志，其操作步骤如下：

01 新建一个文件。选择矩形工具▭，在绘图区中绘制一个较高的矩形。

02 选择折线工具⚏，通过连续单击的方式，在矩形内部绘制一个封闭的箭头图形，如图3.17所示。

03 使用选择工具▹选中上一步绘制的图形，在调色板中设置其填充色为白色，轮廓色为无，得到如图3.18所示的效果。

04 按照第2～3步的方法，继续绘制其他图形，并设置不同的颜色，得到如图3.19所示的最终效果。图3.20所示是在标志下方输入相关文字后的效果。

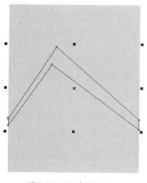
图3.17 绘制图形

图3.18 设置颜色

图3.19 绘制其他图形

图3.20 最终效果

3.3.3 点线工具

使用2点线工具 ✐，可以很方便的绘制一条条的直线。默认情况下，在其"属性栏"中选择2点线按钮 ✐，其使用方法非常简单，即在起始位置按住鼠标左键，然后移动光标至目标位置，释放鼠标左键即可。

若是选择垂直2点线按钮 ♂，可以将光标置于对象的边缘上，然后绘制一条与之垂直的直线；若是选择相切的2点线按钮 ♂，则可以在圆形对象的边缘绘制一条与之相切的直线。

3.3.4 实战演练：SEA-MALL西摩标志设计

本例主要是使用2点线工具 ✐ 来设计一款标志，其操作步骤如下：

01 打开随书所附光盘中的文件"第3课\3.3.4 实战演练：SEA-MALL西摩标志设计-素材.cdr"。

02 选择2点线工具 ✐，按住鼠标左键及键盘上的Shift键，在字母S的上方，以默认参数绘制一条垂直直线，如图3.21所示。

图3.21 绘制垂直直线

03 在"属性栏"中设置轮廓宽度数值为6mm，如图3.22所示。

图3.22 设置轮廓属性

04 在调色板中右击深紫色，为线条设置颜色，得到如图3.24所示的效果。

图3.23 设置轮廓属性后的效果

图3.24 设置颜色

05 按照第2～4步的方法，继续绘制其他的线条，并分别为线条设置不同的颜色，直至得到如图3.25所示的效果。

图3.25 最终效果

3.3.5 3点曲线工具

使用3点曲线工具🔲可以绘制出不同形状的曲线，3点曲线工具🔲也可以绘制带箭头的曲线。使用3点曲线工具🔲绘制曲线的具体操作步骤如下所述。

01 选择工具箱中的3点曲线工具🔲。

02 将光标移动到绘图区中，此时光标变为 状态。

03 按住鼠标左键不放，并拖动鼠标绘制出一条直线，以确认曲线的跨度。

04 释放鼠标左键，此时可以移动鼠标以确定曲线弧度的大小，当得到满意的图形对象时，单击鼠标左键即可，如图3.26所示是绘制出的带有箭头的3点曲线。

图3.26 用3点曲线工具绘制的曲线

3.3.6 螺纹工具

利用螺纹工具🔲可以绘制不同形状的螺旋形状，其"属性栏"如图3.27所示。

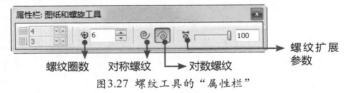

图3.27 螺纹工具的"属性栏"

★ 螺纹圈数：在此可以设置螺纹的圈数。

★ "对称式螺纹"按钮🔲：选择此按钮时，绘制的螺纹间距固定不变。

★ "对数式螺纹"按钮🔲：选择此按钮时，间距随着螺纹向外渐进增加。

★ 螺纹扩展参数：此参数仅在选择对数式螺纹按钮🔲时可以激活，可设置对数螺纹的扩展属性。

使用螺纹工具🔲绘制的螺纹都是开放式路径的曲线对象，可以像编辑其他直线或曲线对象一样对其进行编辑，但在路径闭合之前不能进行内部填充操作。

3.3.7 实战演练：国际纺织服装城标志设计

本例主要是使用螺纹工具🔲来设计一款标志，其操作步骤如下：

01 打开随书所附光盘中的文件"第3课\3.3.7 实战演练：国际纺织服装城标志设计-素材.cdr"，如图3.28所示。

02 选择螺纹工具🔲，并在"属性栏"中设置其基本参数，如图3.29所示。

03 按住Ctrl键在紫色的尾巴上绘制一个螺纹线，并使用选择工具🔲适当调整其位置，如图3.30所示。

图3.28 素材图形

图3.29 设置螺纹参数

图3.30 绘制螺纹线

04 在选中上一步绘制的螺纹线的情况下，再次单击该线条，此时周围将显示旋转控制框，拖动右上方的旋转控制句柄，将线条逆时针旋转一定角度，如图3.31所示。

05 在"属性栏"中设置线条的轮廓宽度为1.5mm，如图3.32所示，得到如图3.33所示的效果。

06 在调色板中右击紫色，从而为线条应用该颜色，得到如图3.34所示的效果。

07 下面来将已经制作完成的螺纹线复制到其他位置。选中上一步制作完成的螺纹线，按小键盘上的+键进行原位复制。

08 使用选择工具 将其移至下一个尾巴的位置，如图3.35所示。

图3.31 旋转图形

图3.32 设置轮廓参数

图3.33 设置轮廓参数后的效果

图3.34 设置轮廓颜色

图3.35 复制图形

09 将螺纹线旋转一定角度，得到如图3.36所示的效果。

10 在调色板中右击橙色，从而为线条应用该颜色，得到如图3.37所示的效果。

11 按照第7～10步的方法，继续制作得到其他位置的螺纹线，得到如图3.38所示的最终效果。

图3.36 调整图形的角度

图3.37 改变图形的颜色

图3.38 最终效果

3.4 几何图形工具

3.4.1 矩形工具

使用工具箱中的矩形工具▣，可以按照默认的填充、轮廓线和颜色绘制大小各异的矩形。在绘制时，可移动鼠标光标到绘图页面中并按住鼠标左键不放，沿对角线方向拖动鼠标，直到在页面上获得需要大小的矩形。

> **技巧：**
>
> 按住Shift键的同时使用矩形工具▣沿任意方向向外拖动鼠标，可以绘制出以鼠标单击点为中心的矩形；按住Ctrl键可以绘制正方形；按住Ctrl+Shift键拖动鼠标，则可以绘制出以鼠标单击点为中心的正方形。

在矩形工具▣的"属性栏"上，可以将矩形设置成为圆角效果，如图3.39所示。

图3.39 矩形工具的"属性栏"

除了使用上面的方法外，在绘制一个矩形后，也可以在工具箱中选择形状工具▣，使用形状工具▣拖动矩形四角处的控制点使其成为圆角矩形，其操作过程如图3.40所示。

图3.40 使用形状工具得到圆角矩形

> **提示：**
>
> 双击工具箱中的矩形工具▣，可以为绘图区的边缘添加一个默认属性的矩形。

3.4.2 实战演练：世纪新城标志设计

本例主要是使用矩形工具▣来设计一款标志，其操作步骤如下：

01 打开随书所附光盘中的文件"第3课\3.4.2 实战演练：世纪新城标志设计-素材.cdr。

02 选择矩形工具▣，按住Ctrl键绘制一个正方形，并将其置于字母的左上方，如图3.41所示。

03 选中上一步绘制的矩形，在调色板中设置其填充颜色为较暗的卡其色，然后设置其轮廓色为无，得到如图3.42所示的效果。

图3.41 绘制图形

图3.42 设置填充与轮廓色

04 选中上一步设置了颜色的矩形，按小键盘上的+键进行原位复制。

05 使用选择工具![]按住Shift键向右移动上一步复制得到的矩形，并将光标置于矩形左侧中间的控制句柄上，按住鼠标左键拖动，缩小其宽度，然后在调色板中将其填充色修改为较浅的卡其色，如图3.43所示。

06 通过复制和绘制矩形的方法，分别为各个矩形设置不同的填充色，直至得到如图3.44所示的效果。

图3.43 复制并调整图形　　　　　　　图3.44 最终效果

3.4.3 椭圆形工具

椭圆形工具![]常用于绘制各种圆形，其使用方法与矩形工具![]基本相同，各式的圆形都可以使用此工具得到。

除了绘制基本的圆形外，CorelDRAW还提供了在圆形基础上的变形图形，即饼形和圆弧，可以通过在其"属性栏"上选择饼形按钮![]或圆弧按钮![]进行设置，如图3.45所示。

图3.45 椭圆形工具的"属性栏"

下面来讲解一下绘制饼形及弧线的操作方法。

绘制饼形

绘制饼形的具体操作步骤如下所述。

01 单击工具箱中的椭圆形工具![]并在其"属性栏"中单击"饼形"按钮![]。

02 移动鼠标光标至绘图区的适当位置，按住Ctrl键单击鼠标左键不放。

03 沿任意方向拖动鼠标。当得到满意的饼形后先释放鼠标左键，然后释放Ctrl键则完成饼形的绘制。

如图3.46所示是原图形，如图3.47所示是绘制圆形并设置为饼形后的效果及对应的参数设置。

图3.46 原图形　　　　　　　　　　图3.47 饼形

如图3.48所示是先单击"饼形"按钮 ，再单击"顺时针/逆时针弧形或饼图"按钮 后的效果。

图3.48 旋转饼形后的效果

绘制弧形

绘制弧形的具体操作步骤如下所述。

01 单击工具箱中的椭圆形工具 并在其"属性栏"中单击弧形按钮 。

02 移动鼠标光标至绘图区的适当位置，按住Ctrl键单击鼠标左键不放。

03 沿任意方向拖动鼠标，当得到满意的弧形后先释放鼠标左键，再释放Ctrl键则完成弧形的绘制，其效果如图3.49所示。

图3.49 弧形

3.4.4 实战演练：蓝调街区标志设计

本例主要是使用椭圆形工具 来设计一款标志，其操作步骤如下：

01 打开随书所附光盘中的文件"第3课\3.4.4 实战演练：蓝调街区标志设计-素材.cdr"。

02 选择椭圆形工具 ，按住Ctrl键绘制一个较小的正圆形，设置其填充色为较暗的蓝色，轮廓色为无，如图3.50所示。

03 使用选择工具 选中上一步绘制的圆形。按小键盘上的+键进行原位复制，按住Shift键向上拖动，将光标置于右上角的控制句柄上，按住Shift键进行放大处理，并将其设置为更深一些的蓝色，如图3.51所示。

04 继续制作另外2个更大的圆形，并修改其颜色，得到如图3.52所示的效果。

图3.50 绘制圆形   图3.51 向上复制并调整图形   图3.52 制作其他圆形

05 使用选择工具 ，在空白的位置按住鼠标左键拖动出一个虚线框，如图3.53所示，将下方的3个圆形选中。

06 按小键盘上的+键进行原位复制，单击"属性栏"中的垂直镜像按钮 ，按住Shift键向上拖动，直至得到如图3.54所示的效果。

07 将5个圆形全部选中，然后向左侧复制一份，如图3.55所示。

图3.53 选中圆形　　　　　　　图3.54 调整圆形位置　　　　　　图3.55 复制圆形

08 将光标置于右上角的控制句柄上，按住Shift键进行缩小处理，如图3.56所示，分别为各个圆形设置不同的颜色，得到如图3.57所示的效果。

09 再复制得到其他几组圆形，并进行适当的调整，直至得到如图3.58所示的效果。

图3.56 缩小并调整图形的位置　　　图3.57 调整图形的颜色　　　　图3.58 最终效果

▍3.4.5　3点矩形工具

使用3点矩形工具▣可以画出任何起始角度的矩形。其绘制的具体操作步骤如下所述。

01 打开随书所附光盘中的文件"第3课\3.4.5 3点矩形工具-素材.cdr"。选择3点矩形工具▣，将光标置于合适的起始位置，如图3.59所示。

图3.59 摆放光标位置

02 在合适位置单击并拖动鼠标画出一条合适的任意方向的线段，释放鼠标确定二点，创建矩形的一条边，如图3.60所示。

图3.60 拖动出一边

03 再拖动鼠标至第三点，确定另一条边。再次单击即可创建一个倾斜的矩形，如图3.61所示。

图3.61 绘制矩形

04 如图3.62所示是为绘制的矩形设置填充及轮廓色后的效果，如图3.63所示是放置在容器中的效果，读者可以尝试制作。

图3.62 设置颜色后的效果

图3.63 放置在容器中的效果

▌3.4.6 实战演练：檀香山别墅标志设计

本例主要是使用3点矩形工具 ▣ 来设计一款标志，其操作步骤如下：

01 打开随书所附光盘中的文件"第3课\3.4.6 实战演练：檀香山别墅标志设计-素材.cdr"。

02 选择3点矩形工具 ▣ ，将光标置于标志的左上方位置，如图3.64所示。

03 按住Shift键向右下方拖动，如图3.65所示。

04 释放鼠标左键，然后向左下方移动光标，以确定矩形的大小，完成后，单击鼠标左键即可，如图3.66所示。

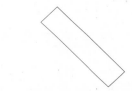

图3.64 摆放图形的位置　　　　图3.65 移动光标　　　　图3.66 绘制矩形

05 使用选择工具 ▣ 选中上一步绘制的矩形，按小键盘上的+键进行原位复制，然后单击"属性栏"中的水平镜像按钮 ▣ ，得到如图3.67所示的效果。

06 选择椭圆形工具 ▣ ，按住Ctrl键绘制一个正圆，然后设置其填充色为黑色，轮廓色为无，将其置于左上方的边角上，如图3.68所示。

07 复制多个圆形，并将其置于矩形的角点及相交的位置，如图3.69所示。

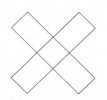  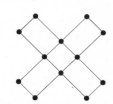

图3.67 复制并镜像矩形　　　　图3.68 绘制圆　　　　图3.69 复制并调整圆形位置

08 选择2点直线工具 ✐ ，按住Ctrl键在矩形的左上方绘制一条倾斜45度的直线，如图3.70所示。

09 绘制3点矩形、圆形并复制图形，得到如图3.71所示的效果。

10 使用3点矩形工具▦在矩形相交的位置绘制一个矩形，然后设置其填充色为紫红色，轮廓色为无，按Ctrl+End键将其调整至底部的位置，得到如图3.72所示的最终效果。

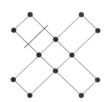

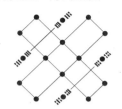

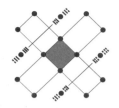

图3.70 绘制直线　　　　图3.71 添加其他线条　　　　图3.72 最终效果

3.4.7 3点圆形工具

使用3点椭圆形工具▥，能更加自由和随意的绘制出需要的圆形对象，其工作原理与3点矩形工具▦基本相同，即先绘制一条直线用于确认圆形的直径，然后再移动光标以改变其圆度，最后单击鼠标左键即可。

> **提示：**
>
> 绘制椭圆、饼形、圆弧及3点椭圆后，都可以在其"属性栏"中显示出该图形的属性参数，通过改变"属性栏"中的具体参数设置，可以精确地创建椭圆、饼形、圆弧及3点椭圆。

3.4.8 多边形工具

利用多边形工具◯可以快速、方便地创建较为丰富的几何图形，如可以以系统的默认设置绘制出一个五边形，也可以结合多边形工具◯"属性栏"更改多边形的边数设置，以绘制不同边数的多边形，还可以绘制出不同角数的星形。

下面讲解绘制多边形的操作方法：

01 选择多边形工具◯，在其"属性栏"中的多边形边数数值框 中输入边数，输入的边数越大越接近于圆。

02 移动光标到绘图区内合适位置，单击鼠标左键不放确定一个起点。

03 向任意方向拖动鼠标并单击，即可得到一个多边形。

> **提示：**
>
> 如果要绘制边长相等的多边形，可以按住Ctrl键拖动鼠标，当得到满意的图形后，先释放鼠标左键然后释放Ctrl键，则完成正五边形的绘制。多边形的边数最少为3，最大为500。

如图3.73所示是素材图像，如图3.74所示是绘制一个正八边的填充图形及轮廓后的效果。

图3.73 素材图像

图3.74 填充图形及轮廓后的效果

3.4.9 星形工具

选择星形工具 🔯 后，其"属性栏"上可以设置其边数及锐度，绘制星形的具体操作步骤如下所述。

01 选择工具箱中的星形工具 🔯，并设置适当的边数及锐度数值。

02 将光标移动到绘图区上的合适位置，单击鼠标左键不放以确定一个起点。

03 拖动鼠标绘制星形，如果要绘制边长相等的星形，在拖动时按住Ctrl键，在释放Ctrl键之前先释放鼠标即可。

3.4.10 实战演练：中国伞城标志设计

本例主要是使用星形工具 🔯 来设计一款标志，其操作步骤如下：

01 打开随书所附光盘中的文件"第3课\3.4.10 实战演练：中国伞城标志设计-素材.cdr"，如图3.75所示。

02 选择矩形工具 🔲，按住Ctrl键绘制一个正方形，并设置其填充色为草绿色，轮廓色为无，如图3.76所示。

03 选中上一步绘制的矩形，按小键盘上的+键进行原位复制，然后按住Shift键将其向上移动，然后为其设置不同的颜色。按照类似的方法，复制并设置矩形的颜色，直至得到如图3.77所示的效果。

图3.75 素材图形

图3.76 绘制矩形

04 选择星形工具 🔯，在其"属性栏"中设置参数，如图3.78所示。

图3.77 制作其他矩形

图3.78 设置星形参数

05 按住Ctrl键从下向上拖动，绘制一个多边形，设置其填充色为白色，轮廓色为无，并适当调整其大小，置于彩色矩形的中间位置，如图3.79所示。

06 继续使用星形工具 🔯，在"属性栏"中修改边数为3，然后绘制一个三角形，并设置其填充色为红色，轮廓色为无，如图3.80所示。

07 使用选择工具 🔘 单击选中上一步绘制的三角形，再次单击该三角形，以调出旋转控制框，将光标置于右上角的控制句柄上，将其旋转67度左右，置于八边形左下方的位置，如图3.81所示。

图3.81 调整三角形的位置

图3.79 绘制星形

图3.80 绘制三角形

08 使用选择工具 🔘 单击上一步编辑的三角形，以调出旋转控制框，将控制框的中心点移至右上角的位置，如图3.82所示。

09 按住Ctrl键拖动左下方的控制句柄，对其进行旋转，直至得到如图3.83所示的效果。

图3.82 调整控制中心点　图3.83 旋转三角形

10 设置三角形的填充色为草绿色，得到如图3.84所示的效果。

图3.84 调整图形的颜色

11 继续复制并旋转三角形，然后分别设置不同的颜色，得到如图3.85所示的伞形效果。

12 选择椭圆形工具，按住Ctrl键在伞形中心绘制一个小的正圆，并设置其填充色为白色，轮廓色为无，如图3.86所示。

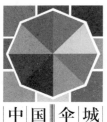

图3.85 制作其他图形后的效果　图3.86 绘制圆形

13 选择3点矩形工具，从伞形中心至左上角

位置，绘制一个矩形，并设置其填充色为白色，轮廓色为无，得到如图3.87所示的最终效果。

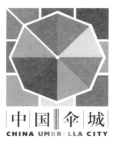

图3.87 最终效果

3.4.11 复杂星形工具

下面讲解绘制复杂星形的操作方法：

01 选择工具箱中的复杂星形工具，并在边数数值框中设置复杂星形的边数，在锐度数值框中设置复杂星形的锐度。

02 将光标移动到绘图区上的合适位置，单击鼠标左键不放以确定一个起点。

03 拖动鼠标绘制星形，如果要绘制边长相等的复杂星形，在拖动时按住Ctrl键，在释放Ctrl键之前先释放鼠标即可。

如图3.88所示是原图像及绘制了复杂星形作为放射背景后的效果。

图3.88 原图像及使用复杂星形作为的放射背景后的效果

3.5 任意图形工具

3.5.1 B样条工具

B样条工具是一种工作方式较为特别的曲线绘制工具，其使用方法如下所述：

01 在画布中单击以绘制第1个节点。

02 移动光标至第2个节点的位置，然后单击鼠标左键以添加第2个节点，如图3.89所示。

03 移动光标，此时会改变当前线条的曲线状态，如图3.90所示。

04 单击鼠标左键即可完成该段的曲线绘制。

05 继续绘制其他曲线，如图3.91所示。

06 绘制完成后，可以在最终的节点上双击即可完成曲线的绘制，如图3.92所示。

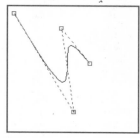
图3.91 绘制其他曲线

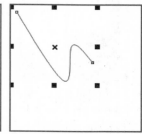
图3.92 得到的曲线线条

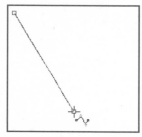
图3.89 绘制第2个点

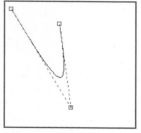
图3.90 移动光标获得曲线

3.5.2 手绘工具

绘制线段和曲线的方法很多，从使用的方法来看，手绘工具 是一个比较随意的工具，如同用笔在纸上绘画一样。

★ 绘制直线：在绘图区内单击鼠标左键确定直线的第一个点，在别处单击即绘制出一条直线。在绘制的过程中按住Ctrl或Shift键则可以绘制与水平线夹角是15°的倍数的特定方向的直线。

★ 绘制随意线：按住鼠标左键不放，在绘图区内随意拖动鼠标，直至绘出所需曲线即可松开鼠标左键，此时将按照默认的参数对曲线进行平滑处理。我们可以在"属性栏"的最右侧设置适当的"手绘平滑"参数，此数值越低，则越接近手绘的效果，反之则变得越平滑。例如图3.93所示为原图，图3.94所示是将此参数设置为17时随意涂抹的效果，图3.95所示是将数值设置成为100时的效果。

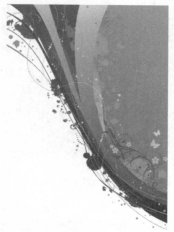
图3.93 素材图像

图3.94 数值为17时的效果

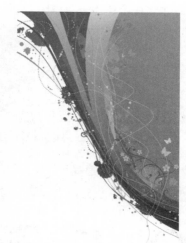
图3.95 数值为100时的效果

★ 绘制闭合形状：下面以图3.96为例讲解如何绘制闭合形状。在①处单击鼠标左键确定起点，移至②处绘制垂直线，将鼠标移至②处鼠标指针变为 状态，单击左键继续绘制，按Ctrl键移至③处单击左键，继续刚才的操作，再将鼠标移至①处即可闭合形状。

 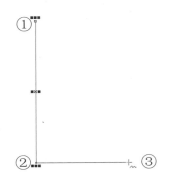 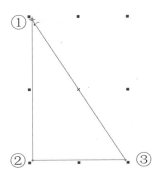

图3.96 闭合形状绘制流程

3.5.3　贝赛尔工具

使用贝塞尔工具可以绘制平滑的、精确的曲线和直线，这些曲线或直线均由节点与线段构成，每一次单击即可创建一个节点，节点与节点之间自动生成连接线。

创建节点时，可以通过控制节点的控制句柄，改变从此节点延伸出的线段的曲率，所以使用此工具可以方便快捷地创建复杂而不规则的图形，并且可以对组成曲线的节点的位置和数目进行精确的控制。

很多读者对把握曲线的方向、角度及节点的控制感很迷惑，尤其遇到需要使用大量节点进行绘图时的情况，很容易出现各种问题。但从此工具的实际工作原理上来看，绘制图形的方法也只有那么几种，只要熟练掌握了这些基础操作，再配合从简单到复杂的练习，就不难掌握其使用方法。

下面介绍一下贝赛尔工具的绘图基本操作。

绘制直线

使用贝塞尔工具绘制直线的具体操作步骤如下所述。

01 在工具箱中选择贝塞尔工具。
02 将光标移动到绘图区，此时光标变为状态。
03 在绘图区的适当位置单击以绘制线段第一点。
04 移动鼠标到下一个节点的位置双击，则在两个节点之间绘制一条直线。按空格键完成一条直线的绘制。
05 重复上一步以绘制多条连续的直线。

提示：
如果只是绘制开放路径（如上面示例中的直线），结束绘制时，可以按一次空格键或选择其他的工具，否则，直到绘制成封闭曲线才能结束。

绘制曲线

使用贝赛尔工具绘制曲线的具体操作步骤如下所述。

01 在工具箱中选择贝塞尔工具。
02 将光标移动到绘图区，此时光标变为状态。
03 在绘图区的合适位置单击以绘制线段第一点。
04 移动鼠标到适合位置单击并拖动鼠标，这时会出现一条以蓝色虚线连接的控制句柄，如图3.97所示。

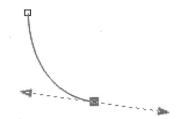

图3.97 由蓝色虚线连接的控制句柄

提示：
当拉长控制句柄或者向不同的方向拖动控制句柄时，绘制出来的曲线的高度和倾斜度是不同的，但需要注意的是，在使用贝塞尔工具绘制图形时，只有在未释放鼠标的情况下才能够编辑控制句柄，对于已经创建完成的控制句柄，则需要使用形状工具选中节点再编辑控制句柄。

05 如果要绘制连续的曲线，可以继续在下一个节点单击并拖动鼠标。

绘制闭合的曲线

　　与前面讲解的折线工具相似，当绘制闭合图形时，可以将光标移至第一个点的位置，此时光标变为状态，单击即可闭合图形并完成绘制。

　　同样，绘制完成后，在贝塞尔工具的"属性栏"中单击"自动闭合曲线"按钮，也可以闭合曲线。

曲线后接直线

　　此种绘图方法的关键在于，如何消除节点上的控制句柄，以图3.98所示的路径为例，我们可以使用贝塞尔工具在节点上双击，以去除一侧的控制句柄，如图3.99所示，此时再继续绘制即可得到直线图形，如图3.100所示。

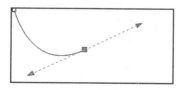

图3.98 原始路径

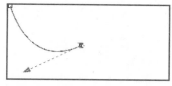

图3.99 去掉一侧的控制句柄

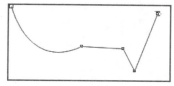

图3.100 绘制直线

直线后接曲线

　　此种绘图方法较为简单，可以直接在要绘制曲线图形时，在下一个节点的位置按住鼠标左键并拖动，直至得到满意的曲线为止，如图3.101所示。

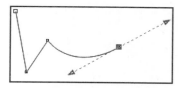

图3.101 直线后接曲线的绘制方法示例

尖锐拐角的连续曲线

　　对于某些连续的曲线，并不需要一个平滑的连接，此时可以结合前面曲线后接直线的方法进行操作，即先去掉曲线的一个控制句柄，然后在创建下一个节点时，按住鼠标左键并拖动，直至得到满意的曲线为止，如图3.102所示。

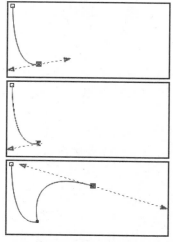

图3.102 尖锐拐角的连续曲线的绘制方法示例

在绘制过程中移动节点位置

　　在绘制曲线的过程中，当释放鼠标左键添加节点前，按住Alt键可以移动该节点的位置，例如图3.103所示是绘制图形时添加的第3个节点，图3.104所示是在按住鼠标左键时按住Alt键调整其位置后的状态。

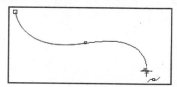

图3.103 单击创建第3个节点

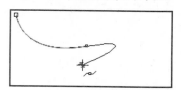

图3.104 按住Alt键移动节点

3.5.4 实战演练：蓝水湾标志设计

本例主要是使用贝塞尔工具来设计一款标志，其操作步骤如下：

01 打开随书所附光盘中的文件"第3课\3.5.4 实战演练：蓝水湾标志设计-素材.cdr"。

02 选择贝塞尔工具，将光标置于左上方的位置单击，然后向右移动光标，按住鼠标左键并拖动，得到一条曲线及第2个节点，并在第2个节点上双击，以去除另一侧的控制句柄，如图3.105所示。

03 继续向右移动光标，单击添加第3个节点，得到如图3.106所示的曲线效果。

图3.105 绘制第一个曲线

图3.106 完成第一条曲线

04 绘制其他的节点，直至闭合整个图形为止，如图3.107所示。

05 设置图形的填充色为蓝色，轮廓色为无，得到如图3.108所示的效果。

图3.107 封闭图形

图3.108 设置填充色后的效果

06 绘制其他的曲线图形并设置不同的颜色，得到如图3.109所示的效果。

07 使用选择工具选中中间的蓝色图形，在工具箱中选择透明度工具，并在"属性栏"中设置其参数，如图3.110所示，得到如图3.111所示的效果。

图3.109 制作其他的图形

图3.110 设置透明度属性

08 最后，使用贝塞尔工具，在当前图形上方绘制3条装饰线条，并设置其轮廓色为白色，得到如图3.112所示的最终效果。

图3.111 设置透明度后的效果

图3.112 最终效果

3.5.5 钢笔工具

使用钢笔工具可以绘制出不同的线段、曲线、折线等图形，如果使用过Photoshop或Illustrator软件中的钢笔工具，那么学习CorelDRAW中的钢笔工具时，就要容易得多，因为它们的工作方式极为相似。

另外，使用钢笔工具可以在图形上进行添加、删除节点等一系列编辑操作，这也是它与贝塞尔工具最大的不同之处。下面来讲解一下此工具的使用方法。

> **提示：**
>
> 钢笔工具的绘图方法与贝塞尔工具有很大的相似之处，因此，下面将仅针对其不同之处进行讲解。

确认图形绘制结束

在绘制开放图形时，如果要在某个位置完成图形绘制，可以在最后一个节点上双击，当然，也可以像使用贝塞尔工具一样，按空格键或选择其他的工具，以完成图形绘制。

绘制闭合路径

在绘制闭合路径时，其操作方法与贝塞尔工具是完全相同的，只不过显示的光标状态有所不同，在闭合时，钢笔工具的光标将变为状态。

取消路径绘制

如果要取消当前路径的绘制，可以按Esc

键，或直接选择其他的工具。

去除一侧的控制句柄

要去除一侧的控制句柄，可以按住Alt键在该节点上单击，如图3.113所示。

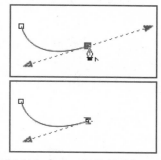

图3.113 去除一侧控制句柄示例

预览下一节点的图形状态

选中"属性栏"上的预览模式按钮，则绘制路径时，可以预览光标移至某一点时的图形状态，以便于更清楚地看到下一步绘制得到的图形。

例如图3.114所示是创建起始节点并向外移动光标时的直线预览状态，图3.115所示是曲线路径的预览状态，图3.116所示是单击鼠标左键确认绘制路径后的状态，可以看出，它与预览的状态是完全相同的，同时也证明了该功能是非常实用的。

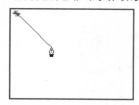

图3.114 直线的预览

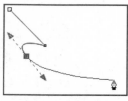

图3.115 曲线的预览

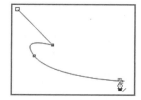

图3.116 单击绘制得到的曲线

自动添加/删除节点

　　选中"属性栏"上的自动添加或删除节点按钮，此时将钢笔工具的光标置于图形边缘上无节点的位置时，单击就可以添加节点，反之，如果光标所在的位置存在节点，单击即可删除节点。

■ 3.5.6　实战演练：西隆名仕公馆标志设计

　　本例主要是使用钢笔工具来设计一款标志，其操作步骤如下：

01 打开随书所附光盘中的文件"第3课\3.5.6 实战演练：西隆名仕公馆标志设计-素材.cdr"。

02 选择钢笔工具，在左上方单击添加一个节点，然后将光标向右下方移动，单击添加另一个节点，如图3.117所示。

03 按照上一步的方法，再次单击添加第3个节点，如图3.118所示。

04 向左侧移动一点光标，按住鼠标左键拖动，绘制一个弧度较小的曲线，如图3.119所示。

图3.117 添加第2个节点　　图3.118 添加第3个节点　　图3.119 绘制曲线

05 向右下移动光标，单击添加第5个节点，如图3.120所示。

06 绘制其他的节点，直至闭合整个图形，如图3.121所示。

07 设置图形的填充色为深红色，轮廓色为无，得到如图3.122所示的效果。

图3.120 绘制第5个节点　　图3.121 绘制完成　　图3.122 设置填充色后的效果

08 使用选择工具选中上一步编辑后的图形，按小键盘上的+键进行原位复制，然后单击"属性栏"中的水平镜像按钮，然后将其向右侧拖动，得到如图3.123所示的效果。

09 绘制中间的人物图形，得到如图3.124所示的最终效果。

图3.123 复制并翻转图形　　　　　　　　　　图3.124 最终效果

3.6　标志设计综合实例：零点酒吧标志设计

本例主要是结合本课中学习的多种图形绘制工具，结合基本的填充与轮廓属性设置，来设计一款标志，其操作步骤如下：

01 创建一个新文件，并在"属性栏"中设置其宽度和高度分别为90mm和85mm。

02 选择贝赛尔工具，在文档中间位置绘制一个如图3.125所示的图形。

03 设置上一步绘制的图形的填充色为灰蓝色，轮廓色为黑色，并在"属性栏"中设置其轮廓宽度为0.5mm，如图3.126所示，得到如图3.127所示的效果。

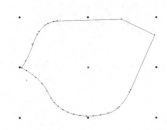

图3.125 绘制图形　　　　　　　　　　　图3.126 设置轮廓属性

04 按小键盘上的+键对图形进行原位复制，按住Shift键拖动右上方的控制句柄，将其缩小，得到如图3.128所示的效果。

05 设置图形的填充色为橙色，轮廓色保持不变，轮廓宽度修改为1.3mm，得到如图3.129所示的效果。

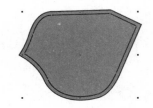

图3.127 设置填充属性　　　　图3.128 缩小图形后的效果　　　图3.129 设置填充及轮廓属性后的效果

06 在中间位置绘制一个倒三角形，并设置其填充色为红色，轮廓色为黑色，轮廓宽度为2.0mm，得到如图3.130所示的效果。

07 打开随书所附光盘中的文件"第3课\3.6 标志设计综合实例：零点酒吧标志设计-素材.cdr"，按Ctrl+A快捷键全选其中的所有对象，然后返回本例操作的文件中，按Ctrl+V快捷键将其粘贴进来，并调整其位置。

08 保持选中上一步粘贴得到的图形，按Shift+F11快捷键调出"均匀填充"对话框，在右侧输入其颜色值，如图3.131所示，单击"确定"按钮退出后，得到如图3.132所示的效果。

图3.130 制作三角形   图3.131 设置填充色   图3.132 设置填充色后的效果

09 分别选中数字7和0图形，在"属性栏"中设置其轮廓宽度为5mm，得到如图3.133所示的效果。

10 使用选择工具 ▣ 按住Shift键分别单击数字7和0以将其选中，然后按小键盘上的+键进行原位复制，在调色板中设置其轮廓色为粉蓝，再设置其轮廓宽度为3mm，得到如图3.134所示的效果。

图3.133 设置轮廓后的效果   图3.134 调整轮廓色后的效果

11 复制数字7和0，修改其轮廓色为黑色，轮廓宽度为1mm，得到如图3.135所示的效果。

12 复制数字7和0，修改其轮廓色为无，得到如图3.136所示的效果。

图3.135 修改轮廓宽度后的效果   图3.136 设置轮廓为无后的效果

13 下面来制作向外发散的箭头图形。使用贝赛尔工具 ▨ 通过单击的方式，绘制一个如图3.137所示的三角形，其填充色为深紫色，轮廓色为黑色，轮廓宽度为0.23mm。

14 使用选择工具 ▣ 选中上一步绘制的图形。按小键盘上的+键进行原位复制，将其向上方移动一定位置，然后单击该图形，以调出旋转控制框，如图3.138所示。

15 将光标置于右上方的控制句柄上，顺时针旋转一定角度，并适当调整图形的位置，得到如图3.139所示的效果。

图3.137 绘制图形　　　　　　图3.138 调出旋转控制框　　　　　图3.139 旋转图形

16 继续制作其他的图形，得到如图3.140所示的效果。

17 使用选择工具 ，按住Shift键分别单击各个三角形，以将其全部选中，按Shift+End键将其移至底部，得到如图3.141所示的效果。

18 按照前面所讲解的绘制图形、复制图形、设置描边等方法，并在其中输入相应的文字，即可制作得到如图3.142所示的最终效果。关于输入及格式化文字的方法，请参见本书第8课的讲解。

图3.140 复制多个三角形　　　　图3.141 调整三角形的位置　　　　图3.142 最终效果

3.7 学习总结

　　　　在本课中，主要讲解了CorelDRAW中设置图形对象基本属性以及各种图形绘制工具的使用方法。通过本课的学习，读者应能够熟悉各类几何图形工具的使用方法，掌握线条与任意图形的绘制方法。尤其对于任意图形的绘制，由于相关工具的使用难度较高，建议多做一些绘图练习，以达到熟练使用的目的。

3.8 练习题

一、选择题

1. 默认情况下，要为图形设置轮廓色，下列操作方法正确的是_____。

    A. 在要应用的色板上右击

    B. 双击当前图形的边缘，在弹出的对话框中设置颜色

    C. 在图形的边缘上右击，在弹出的菜单中选择轮廓色

    D. 在图形的边缘上右击，在弹出的菜单中选择"设置颜色"命令，在弹出的对话框中设置颜色

2. 在CorelDRAW中螺纹工具有哪几种类型?_____
 A. 对称式螺纹   B. 线性式螺纹   C. 角度式螺纹   D. 对数式螺纹

3. 要将一个直角矩形变为圆角矩形，执行以下哪种操作?_____
 A. 使用选择工具选中直角矩形，然后在"属性栏"中进行设置
 B. 用形状工具选择矩形，然后拖动矩形四个角的任意一个节点
 C. 选择圆角矩形工具重新绘制
 D. 用选择工具双击矩形，然后拖动变换箭头

4. 下列无法绘制封闭图形的工具有?_____
 A. 手绘工具   B. 钢笔工具   C. 螺纹工具   D.3点曲线工具

5. 要为图形添加节点，可以使用下列哪个工具?_____
 A. 贝塞尔工具   B. 钢笔工具   C. 手绘工具   D. 折线工具

6. 关于矩形工具、椭圆形工具的使用，下列的叙述正确的是_____。
 A. 在绘制矩形时，起始点为右下角，鼠标只需向左上角拖移，拖动到适当位置松开鼠标，便可绘制一个矩形
 B. 如果以鼠标单击起始位置为中心绘制矩形、圆形，使用工具的同时按Ctrl键就可实现
 C. 如果要绘制圆角矩形，可用形状工具往内拖动矩形边角的点，产生圆角矩形
 D. 将矩形设置为圆角矩形的过程，是不可逆的

二、填空题

1. 按住_____键的同时，使用矩形工具沿任意方向向外拖动鼠标，则可以绘制出以鼠标单击点为中心点的正方形。

2. 在折线工具的"属性栏"中选中_____按钮后，在任何情况下，双击鼠标左键完成绘制时，都会自动将终点与起点连接在一起。

3. 在使用多边形工具时，可以设置的最小边数数值为_____。

三、上机题

1. 打开随书所附光盘中的文件"第3课\3.8 题1-素材.cdr"，如图3.143所示，结合本课所学的图形绘制功能，制作出如图3.144所示的效果。

图3.143　素材图形   图3.144　绘制得到的效果

2. 打开随书所附光盘中的文件"第3课\3.8 题2-素材.cdr"，如图3.145所示，结合本课所学的图形绘制功能，制作出如图3.146所示的效果。

图3.145 素材图形　　　　　　　　　图3.146 绘制得到的效果

3. 打开随书所附光盘中的文件"第3课\3.8 题3-素材.cdr"，如图3.147所示，结合本课所学的图形绘制功能，制作出如图3.148所示的效果。

图3.147 素材图形　　　　　　　　　图3.148 绘制得到的效果

第4课
插画设计：格式化图形

前面学习了图形的绘制功能，而在绘制之后，最重要的工作之一就是为其指定各种不同的填充及轮廓属性。在上一课中已经学习了填充与轮廓属性的基本设置方法，在本课中，将继续深入学习均匀填充、渐变填充、网状填充以及轮廓的高级属性设置。

4.1 插画设计

4.1.1 插画概述

作为一种穿插在小说等文学书籍之中的绘画作品，插画散发着自己独特的魅力。插画，也就是插画，与其他绘画类型不同，它必须要体现出图书情节的发展，因此要求绘制者不仅要有深厚的绘画功底，还要对文字作品有深刻的理解，并基于以上两点，绘制出思想性与审美性和谐统一的艺术作品。插画不仅仅带给人赏心悦目的视觉享受，更能够帮助读者更好地理解图书的内容。

目前，插画的应用领域已经十分的广泛，从图书到广告、唱片，再到目前各个商业领域，我们可以很容易的看到它的身影。越来越多的人享受着插画带给他们的视觉享受。

插画的表现风格，也经历了由具象到抽象，再次从抽象转变为具象的过程。当前的插画绘制者们更加不满足于单一的表现形式，他们打破传统，广泛的运用各种绘画手段，将插画装扮成一个风情万种的美人，将她的独特魅力发挥的淋漓尽致。

图4.1所示就是一些优秀的插画作品。

图4.1 优秀的插画作品

4.1.2 商业插画概述

商业插画是插画设计的一个门类，也是最为重要的门类之一，它是为赢利和商业服务的，带有强烈的目的性或者说功利性，也因此，它的发展空间便被束缚在一定的范围以内。

目前，根据商业插画应用的领域不同，可以大致分为广告商业插画、卡通吉祥物插画绘制、出版物插画、影视游戏美术插画等四类，下面分别对每一类商业插画进行简单介绍。

广告商业插画

这一类商业插画主要为某一商业产品或服务业务的广告服务。内容往往由插画所服务的对象所决定，通常要求必须具有强烈的广告宣传效果，在具备插画的审美等特点以外，还要求能够如广告一样明确地表达主题，而在表现形式与风格上，要考虑到受众的审美倾向，如广告在制作过程中要考虑消费对象一样，使自己的作品能够最大限度地满足受众的视觉享受，从而实现宣传的目的。

卡通吉祥物设计

这一类插画又可以具体分为产品吉祥物、企业吉祥物、社会吉祥物三类，众所周知的瑞星杀毒小狮子，腾讯QQ小企鹅，都属于产品吉祥物的范围；企业吉祥物多使用动物作为名称的企业，如红猫蓝兔卡通机构、金猴皮鞋等；社会吉祥物最常见于一些大型活动中，其中最典型的莫过于每一届奥运会都有属于主办国自己的吉祥物，如2008北京奥运会的吉祥物福娃系列。图4.2所示就是一些典型的吉祥物设计作品。

图4.2 吉祥物设计

出版物插画

21世纪已经进入了读图时代，图片出现在人们视野中的每个角落。就目前来看，许多图书中都增加了精美的插画。插画不仅能够缓解读者在阅读过程中的视觉疲劳，提高读者的阅读兴趣，更多的时候，它还能帮助读者进一步理解图书的内容，迅速消化文字的意义。

影视游戏美术设定

影视与游戏中关于场景、人物形象的设计也是商业插画的一大应用领域，许多大型电影或游戏中，场景、人物形象、服务、特效的设定，不可能是由某个人独立完成，而设计师们在表现这些设计的时候往往选择商业插画这样的表现形式。如电影《指环王》、游戏《魔兽世界》等，在拍摄和制作时，都有专业的插画师来完成许多人物以及场景的绘制。

4.1.3 商业插画设计要点

虽然商业插画有不同的类别，但大部分商业插画都有一些共同的规则，即一个好的商业插画都应该注意以下三点：

符合大众审美品位

作为插画，首先要做到的就是"美"，现在，我们正处于一个审美品位普遍提高，而且几乎所有的人都在追求个性的时代。人们对美的标准不仅提升到了前所未有的高度，而且每个人的审美标准都不相同。在这个时代，设计师与插画师面临着艰难的挑战。因此，当插画师去绘制插画时，首先要考虑到插画的审美价值，不能过于艺术化，也不能过于低俗化，必须迎合大众的审美品位，以获得更多人的肯定和支持。

诉求明显、目的单纯

对于商业插画而言，其所包含的信息量及诉求目的不能过于庞杂，现代人每天都面对极其庞大而又繁杂的信息。无时无刻不感到压力的人们迫切渴望的是能够放松身心，很少有插画的欣赏者会花时间来琢磨插画的具体意义，更多的人对含有商业目的的物品有极强的抵触心理。因此，插画应该发挥自己给人视觉享受的优势，通过更简单的诉求方式来达到目的，而目的也应尽量单纯。

独具特色

每个人都在追求个性，对于产品而言，特色是当前社会中许多产品存在并得到良好发展的最好理由，插画也不例外。这里的特

色可以是绘画技法的，可以是表现手段的，也可以是插画所展现的内容。但无论哪一种而言，特色都是必需的。只有如此，才能使作品在市场上具有竞争力。最大限度地吸引受众的目光，并得到支持与肯定，才能够获得商家所期望的商业空间和利益。

4.2 为图形设置均匀填充

4.2.1 用"对象属性"泊坞窗设置均匀填充

要使用"对象属性"泊坞窗设置均匀填充，可以选择"编辑"|"对象属性"命令，弹出"对象属性"泊坞窗，单击"填充"选项 或"轮廓"选项 即可对图形进行实色填充或轮廓填充，如图4.3所示，在"轮廓"选项中可以设置线条的粗细、颜色、样式等。

图4.3 设置填充与轮廓属性

4.2.2 使用"颜色"泊坞窗设置均匀填充

使用"颜色"泊坞窗填充实色的具体操作步骤如下所述。

01 在绘图区中绘制或导入图形对象使用选择工具 选择图形对象。

02 选择"窗口"|"泊坞窗"|"彩色"命令，弹出如图4.4所示的"颜色"泊坞窗。

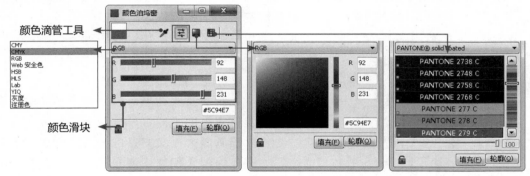

图4.4 "颜色"泊坞窗

03 在"颜色模型"下拉列表框中选择一种颜色类型，在"颜色滑块"中拖动滑块调整所需的颜色。

04 设置好颜色后单击"轮廓"按钮可以为轮廓填充颜色，单击"填充"按钮可以为选择的图形填充颜色。

在"颜色"泊坞窗中，选择颜色滴管工具 后，可以在对象上单击以吸取颜色。

4.2.3 实战演练：为卡通小鸡插画上色

本例主要是利用为图形设置均匀填充的功能，来设计一款卡通插画，其操作步骤如下：

01 打开随书所附光盘中的文件"第4课\4.2.3 实战演练：为卡通小鸡插画上色-素材.cdr"，如图4.5所示。

02 使用选择工具 ，从背景中蓝色的位置拖动一个虚线框，以选中左侧小鸡的眼睛，如图4.6所示。

图4.5 素材图形

图4.6 选中图形

03 继续使用选择工具 ，按住Shift键分别单击小鸡的2个眼球，以取消选中，再单击左侧小鸡的鸡冠、围脖等图形，以将其选中，如图4.7所示。

04 在调色板中，单击默认的红色，如图4.8所示，得到如图4.9所示的效果。

图4.7 继续选中图形

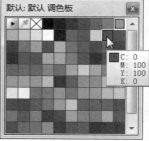
图4.8 设置颜色

图4.9 设置颜色后的效果

05 选中小鸡脸颊2侧的腮红及身体前面右侧的心形，在"对象属性"泊坞窗中设置其填充色，如图4.10所示，得到如图4.11所示的效果。

图4.10 设置填充色

图4.11 设置填充色后的效果

06 选中小鸡胸前左侧的心形，在"对象属性"泊坞窗中设置其填充色，如图4.12所示，得到如图4.13所示的效果。

07 为左侧小鸡剩余的图形及右侧的小鸡设置颜色，直至得到类似如图4.14所示的效果。

图4.12 设置颜色

图4.13 设置颜色后的效果

图4.14 最终效果

4.3 创建与应用颜色样式

简单来说，颜色样式就是将我们常用的颜色保存起来，以便于随时进行选择和应用。颜色样式的相关操作基本都集中在"颜色样式"泊坞窗中，选择"工具"|"颜色样式"命令即可显示该泊坞窗，如图4.15所示。

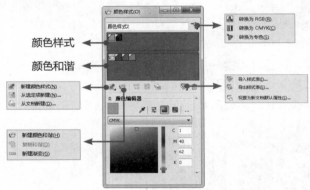

图4.15 "颜色样式"泊坞窗

▌4.3.1 新建与设置颜色样式

CorelDRAW提供了多种新建颜色样式的方法，下面来分别对其进行讲解。

直接新建颜色样式

要直接新建颜色样式，可以在"颜色样式"泊坞窗中，单击新建颜色样式按钮 ，在弹出的菜单中选择"新建颜色样式"命令，即可使用默认的参数创建颜色样式。

从选中的对象创建颜色样式

要从选中的对象上创建新颜色样式，可以选中要创建颜色样式的图形，然后单击新建颜色样式按钮 ，在弹出的菜单中选择"从选定项新建"命令，此时将弹出如图4.16所示的对话框。

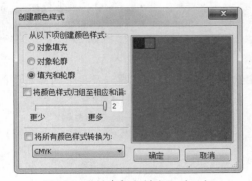

图4.16 "创建颜色样式"对话框

"创建颜色样式"对话框中的参数解释如下：

★ 从以下项创建颜色样式：在此区域中，可以设置依据选中对象的哪些属性创建颜色样式，如对象填充、对象轮廓或填充和轮廓。

★ 将颜色样式归组至相应和谐：选中此选项后，会根据颜色的属性将其保存至相应的颜色和谐中。关于颜色和谐的讲解，请参见下一小节的内容。

★ 将所有颜色样式转换为：选中此选项后，可以将创建的颜色样式转换为所选的颜色模式，如CMYK、RGB等。

设置完成后，单击"确定"按钮退出对话框，即可创建得到颜色样式。

另外，选中带有要创建颜色样式的图形，然后将其拖至"颜色样式"泊坞窗的颜色样式区域中，如图4.17所示，即可根据所选图形的填充及轮廓色，创建新的颜色样式，由于之前选中的图形只有填充色，因此创建得到如图4.18所示的一个颜色样式。

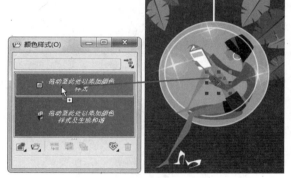

图4.17 拖动颜色至"颜色样式"泊坞窗中

图4.18 创建得到的新颜色样式

从文档新建颜色样式

单击新建颜色样式按钮，在弹出的菜单中选择"从文档新建"命令，此时将弹出如图4.19所示的对话框。可以看出，这与从选中的对象新建颜色样式是基本相同的，不同的是，使用"从文档新建"命令新建颜色样式，是读取当前文档中所有已使用的颜色，然后将其新建成为颜色样式并保存至"颜色

样式"泊坞窗中。

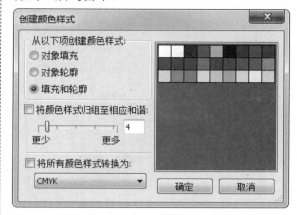

图4.19 "创建颜色样式"对话框

■4.3.2 新建与设置颜色和谐

颜色和谐可以理解为一系列具有相似色相的颜色样式合集或颜色样式组。用户可以通过修改颜色和谐中的颜色样式，从而达到快速为对象应用不同颜色方案的目的。

CorelDRAW提供了多种新建颜色和谐的方法，下面来分别对其进行讲解。

直接新建颜色和谐

要直接新建颜色和谐，可以在"颜色样式"泊坞窗中，单击新建颜色和谐按钮，在弹出的菜单中选择"新建颜色和谐"命令，即可创建一个新的颜色和谐，如图4.20所示。

图4.20 创建颜色和谐后

用户可以将已有的颜色样式，拖至颜色和谐中，当目标颜色和谐处出现黑色竖线时，如图4.21所示，释放鼠标左键即可将颜色样式移至目标颜色和谐中，如图4.22所示。

图4.21 拖动颜色　　图4.22 添加颜色样式至颜
　　　样式　　　　　　　色和谐后的状态

若在"创建颜色样式"对话框中，选中"将颜色样式归组至相应和谐"选项，则会将颜色样式进行分组保存至不同的颜色和谐中。拖动其下面的滑块，则可以控制分组的数量，例如图4.25所示就是分别设置数值为2和4时的状态。

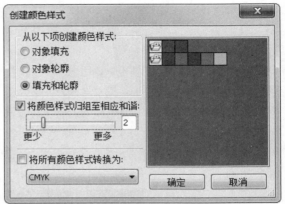

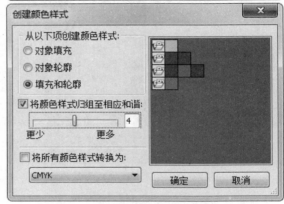

图4.25 设置不同分组数量时的状态

> **提示：** 用户也可以从颜色和谐区域中，将其中的颜色样式拖至颜色样式区域中。

从颜色样式创建颜色和谐

按照上一小节中，将颜色样式拖至颜色和谐中的方法，此时若是将光标拖至颜色和谐的空白区域，如图4.23所示，则可以自动将所选的颜色样式合并至新的颜色和谐中，如图4.24所示。

图4.23 拖动颜色　　图4.24 将所选颜色样式合并
　　　样式　　　　　　　至新的颜色和谐中

> **提示：** 在"颜色样式"泊坞窗中，按Ctrl键可以选择非连续的多个颜色样式；按住Shift键则可以选择连续的多个颜色样式。

从选中的对象创建颜色和谐

在前面讲解新建颜色样式时已经提到，

另外，用户也可以选中带有要创建颜色样式的图形，然后将其拖至"颜色样式"泊坞窗的颜色和谐区域中，如图4.26所示，即可根据所选图形的填充及轮廓色，创建新的颜色样式，图4.27所示是创建了3组颜色和谐后的"颜色样式"泊坞窗。

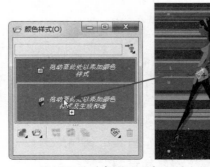

图4.26 拖动颜色至"颜色样式"泊坞窗中

图4.27 创建得到的新颜色和谐

创建渐变颜色和谐

在CorelDRAW中，提供了一种特殊的颜色和谐，即渐变颜色和谐。其原理是以某一个颜色为主，我们可以称其为主色（主颜色样式），然后按照一定增量进行加深或减淡的色彩调整，从而形成一系列的颜色样式，称为子色（子颜色样式）。其创建方法如以下所述。

01 在"颜色样式"泊坞窗中，选择一个要创建渐变颜色和谐的主色，如图4.28所示。

图4.28 选择主色

02 单击新建颜色和谐按钮 ，在弹出的菜单中选择"新建渐变"命令，弹出如图4.29所示的对话框。

图4.29 "新建渐变"对话框

在"新建渐变"对话框中，其参数解释

如下：

★ 颜色数：在此输入数值，可以设置最终主色与子色之和的数量。

★ 阴影相似性：在此处可以设置创建得到的子色与主色之间的相似性。

★ 较浅的阴影：选择此选项后可以创建比主色浅的子颜色。

★ 较深的阴影：选择此选项后可以创建比主色深的子颜色。

★ 二者：选择此选项后，将分别创建指定数量的深色及浅色阴影。

03 设置完成后，单击"确定"按钮即可在"颜色样式"泊坞窗中看到创建的一系列子颜色，得到如图4.30所示的效果。

图4.30 创建得到的渐变颜色和谐

▌4.3.3 复制颜色样式

要复制颜色样式，可以按照以下方法操作。

★ 复制颜色样式：若选中了一个已有的颜色样式，再选择"新建颜色样式"命令，则会复制所选的颜色样式，以创建新的颜色样式。

★ 复制颜色和谐：选中颜色和谐，单击新建颜色和谐按钮 ，在弹出的菜单中选择"复制和谐"命令即可。

▌4.3.4 更改颜色样式

选中一个颜色样式后，可以在下方的"颜色编辑器"区域中重新设置颜色值等属性，如图4.31所示。

图4.31 选择颜色样式

若是选择颜色和谐，则"颜色编辑器"区域将发生较大的变化，如图4.32所示。除了在底部可以像编辑普通的颜色样式一样进行修改外，用户还可以在中间位置，选择不同的颜色和谐中的颜色样式，进行修改。若要修改整个颜色和谐中的颜色，则先要选中整个颜色中的所有颜色，然后拖动圆形色谱中的圆圈，即可调整其整体的颜色属性，图4.33所示就是将整体改为绿色后的效果。

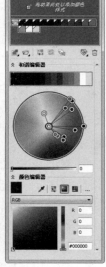

图4.32 选择颜色和谐

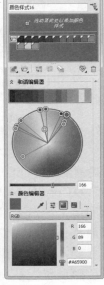

图4.33 调整颜色和谐后的状态

提示：

可以单击颜色和谐前面的 图标，以选中其中所有的颜色样式。

▌4.3.5 重命名颜色样式

为了便于查找，可以为颜色样式进行重命名。在选中颜色样式后，在"颜色样式"泊坞窗的顶部即可输入新的名称，之后按Enter键确认即可。

▌4.3.6 删除颜色样式

对于不需要的颜色样式可以删除，删除应用的颜色样式后，该对象将转换为基于对象类型的默认样式，但对象的外观不会发生变化。

要删除颜色样式，可以先将其选中，然后单击"颜色样式"泊坞窗上的删除按钮 即可。

▌4.3.7 实战演练：人物背影插画设计

本例主要是利用创建与应用颜色样式功能，绘制并为插画着色，其操作步骤如下：

01 打开随书所附光盘中的文件"第4课\4.3.7 实战演练：人物背影插画设计-素材.cdr，如图4.34所示。

02 选择贝塞尔工具，在素材左侧的位置绘制人物身体的基本轮廓，在"对象属性"泊坞窗中设置其填充色的颜色值，如图4.35所示，再设置其轮廓色为无，得到如图4.36所示的效果。

图4.34　素材文件　　　　　　　图4.35　设置填充属性　　　　　图4.36　设置颜色后的效果

03 使用选择工具选中上一步绘制的身体图形，显示"颜色样式"泊坞窗，并将图形拖至如图4.37所示的位置，释放鼠标后，将创建一个对应的颜色样式，得到"颜色样式1"，如图4.38所示。

04 使用贝塞尔工具绘制人物的底裤，并设置其填充色为黑色，轮廓色为无，如图4.39所示。

图4.37　拖动颜色　　　　　　　图4.38　创建颜色样式　　　　　　图4.39　绘制底裤

05 绘制人物身体右上方的阴影，按照图4.40所示设置图形的填充色，再设置其轮廓色为无，得到如图4.41所示的效果。按照第3步的方法，将其保存为"颜色样式2"。

06 使用上一步保存的"颜色样式2"，继续绘制人物腿部的阴影，如图4.42所示。

图4.40　设置颜色属性　　　　　图4.41　绘制阴影图形　　　　　　图4.42　绘制其他阴影

07 继续绘制人物背部的阴影、内衣及腿上的阴影，如图4.43所示。并按照第3步的方法，将腿部阴影的颜色保存为"颜色样式3"。

08 绘制手臂及头发图形，得到如图4.44所示的效果，在绘制过程中，可以调用前面已经保存的颜色样式。图4.45所示是仅显示画布内容时的效果。

图4.43 绘制背部阴影

图4.44 绘制后的效果

图4.45 仅显示画布内容时的效果

4.4 设置渐变填充

渐变填充能够利用对象的颜色属性为对象创建渐变过渡效果，即使一种颜色沿指定的方向向另一种颜色逐渐过渡、逐渐混合直到最后变成另外一种颜色。本节就来详细讲解一下，CorelDRAW中渐变填充的操作方法及相关参数设置。

4.4.1 用"对象属性"泊坞窗设置渐变填充

在"对象属性"泊坞窗中，单击选择"填充"选项中的渐变填充"按钮■，即可设置关于渐变的基本参数，如图4.46所示。

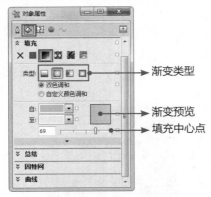

图4.46 "对象属性"泊坞窗

使用"对象属性"泊坞窗进行渐变填充基本参数解释如下：

渐变类型

在"对象属性"泊坞窗中可以选择四种渐变类型，这四种渐变类型分别是"线性"、"辐射"、"圆锥"、"方形"，图4.47展示了分别选择这四种渐变类型所取得的渐变效果。

图4.47 各类渐变效果

填充中心点

此参数用于控制起、止颜色的范围。此数值越小，则起始颜色的范围越大，终止颜色的范围越小；反之，此数值越大，则起始颜色的范围越小，终止颜色的范围越大。

渐变中心位移

通过将光标放到渐变预览窗口，可以通过拖动或单击的方式，改变当前渐变的中心点，例如图4.48所示就是在不同位置单击时，得到的不同渐变效果。

图4.48 移动渐变的中心

4.4.2 渐变的高级设置

　　如果需要精确地控制渐变填充的渐变角度、渐变方向、渐变颜色等属性或者选用预设的填充样式，可以在"对象属性"泊坞窗中，在选择"渐变填充" ▇ 的情况下，单击其扩展按钮 ▅▅▅ ，以显示更多的控制参数，如图4.49所示。

　　另外，用户可以使用以下方法之一，调出"渐变填充"对话框，如图4.50所示。

★　在工具箱中单击填充工具 ◆ 右下角的小黑色三角形，在弹出的隐藏工具中选择渐变填充。

★　按F11键。

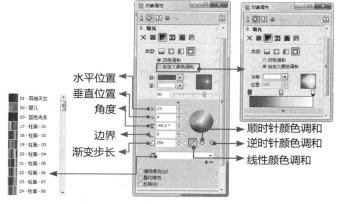

图4.49 "对象属性"泊坞窗

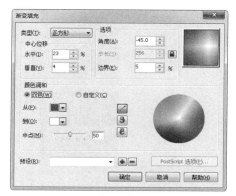

图4.50 "渐变填充"对话框

　　由于"渐变填充"对话框中的参数与"对象属性"泊坞窗中是基本相同的，但"对象属性"泊坞窗在使用时更为方便一些，下面就以此为代表，讲解渐变的相关设置方法。

★　水平/垂直位置：在此可以设置渐变中心点的精确位置。用户也可以在渐变预览图中拖动或单击进行调整。

★　角度：除"辐射"类型的渐变外，其他3种渐变均可设置此参数，以改变渐变的角度。

★　边界：此数值控制了渐变的起始颜色与终点颜色向两侧扩展的距离，数值越大，扩展距离越大，中间的过渡颜色则越被挤压，起始颜色与终点颜色所占的区域也越大，如图4.51所示。

0%

18%

39%

图4.51 设置不同边界值的渐变效果

★　步长：此参数控制了渐变的过渡级数，在默认情况下，从渐变的起始颜色到终点颜色，中间有256级渐变颜色，从而保证了整个渐变的效果柔和自然。如果单击🔲按钮使之变为🔒状态，可以激活此数值，通过输入一个数值，降低过渡颜色，从而得到条形渐变效果，如图4.52所示。

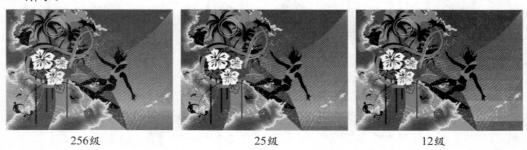

| 256级 | 25级 | 12级 |

图4.52　设置不同步长值的渐变效果

★　颜色调和方式：如果希望定义两种颜色的过渡方式，可以通过分别单击线性颜色调和按钮✐、顺时针颜色调和按钮⟳及逆时针颜色调和按钮⟲，获得不同的颜色过渡方案。图4.53展示了依次单击这3个按钮，所获得的渐变过渡方案效果及渐变效果。

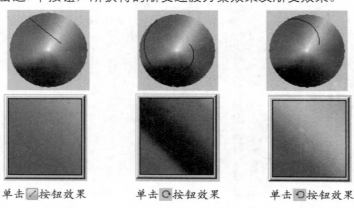

| 单击✐按钮效果 | 单击⟳按钮效果 | 单击⟲按钮效果 |

图4.53　三种不同的渐变过渡方案

4.4.3　自定义渐变

通过自定义渐变，能够在起始颜色和结束颜色之间添加许多种过渡颜色，每相邻的两种颜色之间都是相互渐变的，图4.54所示是在"对象属性"泊坞窗中进行自定义渐变设置的状态。

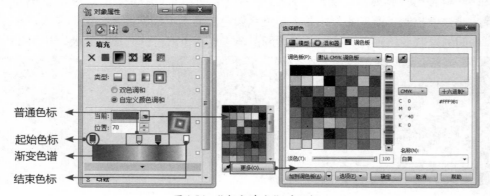

图4.54　"渐变填充"对话框

另外，用户也可以按F11键，在弹出的"渐变填充"对话框中，选中"自定义"选项，然后对其参数进行设置。

参数讲解

下面将以"对象属性"泊坞窗为例，讲解在选择"自定义颜色调和"选项的情况下，各参数的功能：

★ 渐变色谱：在此可以预览渐变效果。

★ 起始/结束色标：指色谱最左侧和最右侧的2个方形色标，它们的位置不能移动，但可以像普通色标一样，选中它并为其设置颜色。

★ 普通色标：所有起始与结束色标之间的色标，都可称之为普通色标，这也是我们在设置渐变时最常用的色标类型。

色标操作方法总结

下面将其中关于色标的操作方法进行总结（如无特殊说明，以下均指普通色标）。

★ 添加色标：在空白的位置双击即可添加普通色标。

★ 复制色标：选中色标并按键盘上的+号键。双击起始或结束色标，可以在其附近复制得到普通色标。

★ 选择色标：按住Shift键单击各个色标，可以同时选中多个色标。

★ 删除色标：按键盘上的-号键，或按Delete键。对于单个的色标，可以直接双击该色标以将其删除。

★ 移动色标：选中要移动的色标，向左或向右侧拖动即可。

▎4.4.4　使用预设渐变进行填充

除了可以为对象应用双色自定义渐变填充外，CorelDRAW还提供了多种预设的渐变填充，可以模拟出多种实体的外观，如金属柱体、霓虹灯等。对于这些预设的渐变填充，还可以进一步调整以得到更多的填充效果。

使用预设的渐变填充非常简单，选择对象后在"对象属性"泊坞窗或"渐变填充"对话框中，选择"预设"下拉菜单中所需要的渐变填充，如果需要可以进一步调整预设填充的样式，如色彩、角度等，调整的方法与自定义渐变相同，其具体操作步骤如下所述。

01 使用选择工具▫选中需要填充的对象。

02 按F11键调出"渐变填充"对话框，或在"对象属性"泊坞窗中选择"填充"选项的"渐变填充"。

03 在"预设"下拉菜单中选择一种预设方式即可进行填充。

▎4.4.5　用工具设置与编辑渐变填充

使用工具箱中的交互式填充工具▫，可以交互地为选择的对象应用双色渐变填充，这也是实现渐变填充的一种简单有效的方法，同时，它还具有对渐变进行快速编辑的功能，其"属性栏"如图4.55所示。

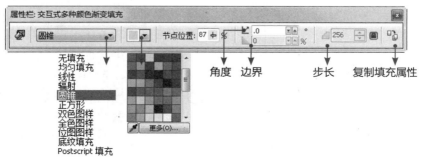

图4.55　交互式填充工具的"属性栏"

可以看出，其"属性栏"中的参数，均为我们前面讲解过的，故不再重述，下面来讲解一下交互式填充工具的特色功能，即手动编辑渐变的功能。

在使用交互式填充工具选中一个填充了渐变的对象后，将显示出对应的渐变编辑框，图4.56所示是分别选择不同渐变类型时的编辑框状态。

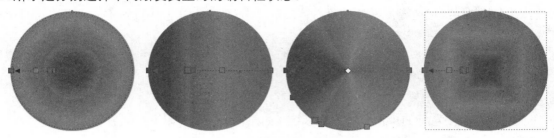

图4.56 选择不同渐变类型时的编辑框状态

可以看出，无论是哪种渐变类型，其渐变编辑框上都显示了对应的色标，我们可以选中该色标并在"属性栏"上改变其颜色，也可以直接拖动该色标以改变其位置，在色标上单击右键可以直接删除色标。

4.4.6 实战演练：印象风景插画设计

本例主要是利用渐变填充功能设计一款风景插画，其操作步骤如下：

01 新建一个文件，在"属性栏"中设置页面方向为"横向"。选择矩形工具，在绘图纸上绘制矩形，对象大小为40mm×104mm，得到如图4.57所示的效果，按小键盘上的"+"键进行原位复制，按方向键"→"向右移动一定距离至如图4.58所示的效果。

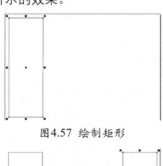

图4.57 绘制矩形

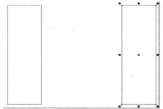

图4.58 移动矩形到适合位置

02 接着按小键盘上的"+"键2次以进行原位复制，按Ctrl+A快捷键全选矩形，显示"对

齐和分布"泊坞窗，按照如图4.59所示进行设置，得到如图4.60所示的效果。

图4.59 "对齐与分布"泊坞窗

图4.60 分布后的效果

03 选中第1个矩形，在"对象属性"泊坞窗中设置其填充属性，具体颜色值为（C：24、M：24、Y：2、K：0），得到如图4.61所示的效果，右击"调色板"上的无填充色块。

04 选中第2个矩形，按F11键，在弹出的对话框中，设置如图4.62所示，单击"确定"按钮，右击"调色板"上的无填充色块，得到如图4.63所示的效果。

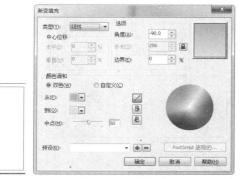

图4.61　填充颜色
后的效果

图4.62　"渐变填充"
对话框

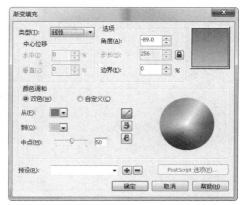
图4.65　"渐变填充"对话框

图4.63　应用"渐变填充"后的效果

提示：

在"渐变填充"对话框中，"从"后面的颜色值为（C：33、M：1、Y：96），"到"后面的颜色值为（Y：100）。

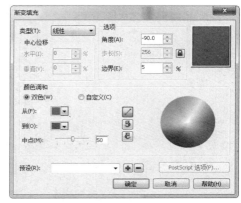
图4.66　"渐变填充"对话框

05 按照第4步的操作方法，再制作第3个和第4个矩形，得到如图4.64所示的效果。

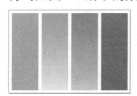

图4.64　应用"渐变填充"命令后的效果

提示：

第3个矩形的"渐变填充"对话框如图4.65所示，其对话框中"从"后面的颜色值为（M：65、Y：95），"到"后面的颜色值为（M：20、Y：100）。第4个矩形的"渐变填充"对话框如图4.66所示，其对话框中"从"后面的颜色值为（C：9、M：75、Y：84），"到"后面的颜色值为（M：100、Y：100）。

06 选择贝赛尔工具，在绘图纸上绘制山形，单击"调色板"上的黑色（K：100），右击"调色板"上的无填充色块，以隐藏轮廓，如图4.67所示。

图4.67　绘制山形

07 选择交互式透明工具，从形状的上部向下部拖动，"属性栏"的设置如图4.68所示，得到如图4.69所示的效果，按照同样的方法，再制作山峦和仙人掌形状，得到如图4.70所示的效果。

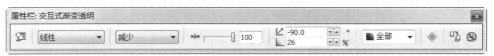
图4.68　交互式透明工具"属性栏"

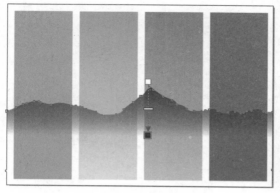

图4.69 填充渐变状态

图4.70 填充渐变效果

提示：

　　在上一步中的交互式透明效果的状态，按照已给的参数进行设置后，又拖动了渐变的位置，若读者想要另一个渐变效果，也可以随意拖动渐变句柄。在所有对象最前方黑色山峦后面制作的山峦，其"属性栏"上相应的设置参数如图4.71所示。

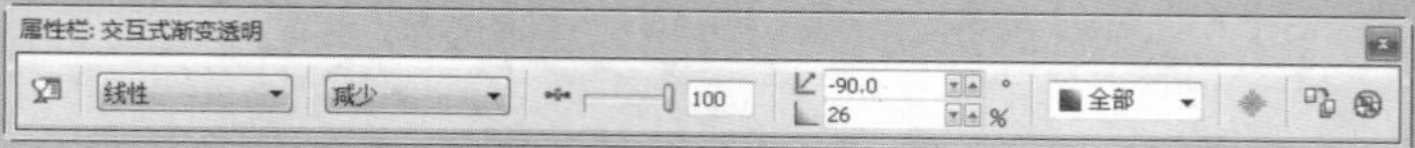

图4.71 交互式透明工具"属性栏"

08 结合艺术笔工具 、位图转换及编辑等功能，继续完善其他的内容，如图4.72所示。

图4.72 最终效果

4.5 网状填充

4.5.1 了解网状填充工具

　　网状填充工具 可以创造渐变填充效果，无论为对象添加的是哪一种填充效果，是"渐变填充"还是"底纹填充"，使用网状填充工具 都可以将其改变为渐变填充。

　　例如，图4.73所示为已填充图形的对象使用此工具将其转换成为填充效果后得到的效果。

转换为网状填充的效果

改变节点后的效果

改变节点颜色后的效果

图4.73 网状填充示例

改变填充效果

使用网状填充工具 ⊞ 改变填充效果的具体操作步骤如下所述。

01 在绘图区中绘制一个图形对象并对其进行填充，如填充底纹图样。

02 单击工具箱中的交互式填充工具 ◇ 右下角的小黑色三角形，在弹出的隐藏工具中单击网状填充工具 ⊞。如果在此之前对象处于选择状态，则在对象上显示出默认的网格线。

03 在如图4.74所示的网状填充工具 ⊞ "属性栏"中的"网格大小"数值框中，设置网格格线，格线越多，越可以对填充进行精细的调整，效果如图4.75所示。

图4.74 网状填充工具的"属性栏"

04 用鼠标拖动格线节点，可以调整渐变的样式。当进行调整时，其他类型的填充自动转换为渐变填充，渐变填充的颜色依照原填充的颜色，得到如图4.76所示的效果。

图4.75 调整网格格线

图4.76 调整节点后的渐变效果图

改变对象外观

利用网状填充工具 ⊞ 不但可以改变对象的填充效果，还可以改变对象的外观形状。

利用网状填充工具 改变对象外观的具体操作步骤如下所述。

01 按照上一小节的1～4步，得到如图4.77所示的填充图。

02 用鼠标拖动对象的边框节点，则对象的外观随节点的移动而改变，调整边框时对象的填充属性发生变化，调整后的图形如图4.78所示。

图4.77 调整边框前的图形

图4.78 调整边框后的图形

03 调整后，单击网状填充工具 "属性栏"中的清除网状按钮 ，则将对象内的格线及填充一同清除，仅剩下对象的边框，如图4.79所示。

图4.79 清除网格后选择的效果及清除网格后未选择的效果

4.5.2 实战演练：熊猫与人卡通插画设计

本例主要是利用网状填充工具 为图形设置更具立体感的填充效果，其操作步骤如下：

01 打开随书所附光盘中的文件"第4课\4.5.2 实战演练：熊猫与人卡通插画设计-素材.cdr"，如图4.80所示。

图4.80 素材文件

02 选中熊猫的头部图形，显示"颜色样式"泊坞窗，并在其中双击"颜色样式5"，从而为其应用该颜色，如图4.81所示。

图4.81 设置颜色后的效果

03 保持熊猫头部的选中状态，选择网络填充工具 ，此时将在熊猫头部图形上显示网络，单击选中中间的节点，然后在"颜色样式"泊坞窗中双击"颜色样式7"，以应用该颜色，得到如图4.82所示的效果。

图4.82　设置节点的颜色

04 保持选中上一步编辑的节点，向右上方拖动，以调整其位置，得到如图4.83所示的效果。

图4.83　拖动节点

05 此时，中间的颜色出现了很生硬的边缘，可以向右上方拖动右下方位置的控制点，如图4.84所示，从而让颜色过渡更柔和一些。

图4.84　调整控制点

06 编辑其他的控制点，直至得到类似如图4.85

所示的效果。

图4.85　调整其他控制点后的效果

07 为其他的部分指定颜色，并适当编辑其控制点，得到如图4.86所示的效果。

图4.86　设置其他位置的颜色后的效果

08 使用选择工具 选中画面中左侧的手臂，在"对象属性"泊坞窗中设置其渐变，如图4.87所示，得到如图4.88所示的效果。

图4.87　"对象属性"　　图4.88　设置渐变后的
　　泊坞窗　　　　　　　　　效果

09 为其他的部分设置网络填充及渐变填充，直至得到如图4.89所示的效果。图4.90所示是制作另外一个人物后的整体效果。

图4.89 设置颜色后的熊猫整体效果　　　　　图4.90 最终整体效果

4.6 设置轮廓线

4.6.1 轮廓线属性设置

在CorelDRAW 中所创建的每一个图形对象都具有轮廓线,我们可以用各种不同的方法处理其轮廓,既可以为轮廓线着色或改变其线型,也可以隐藏轮廓线。

不仅如此,还可以通过设置改变轮廓线一端的形状,使开放式路径的轮廓线两端为圆、方或箭头及其他线段形状裁剪后的形状。

编辑轮廓线的方法很简单,可以在"对象属性"泊坞窗中选择"轮廓"选项,如图4.91所示,或在工具箱中,先选择对象,然后单击轮廓笔工具 🔥 右下角的黑色小三角形,在弹出的工具菜单中选择轮廓笔按钮 🔥 ,弹出如图4.92所示的对话框,设置对话框里的参数后单击"确定"按钮,即可实现对轮廓线进行编辑的目的。

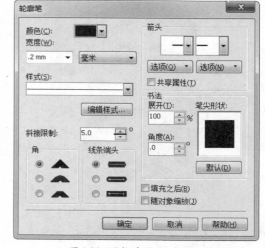

图4.92 "轮廓笔"对话框

下面将以"对象属性"泊坞窗中的轮廓参数为例,讲解其中常用的参数。

★ 宽度:在框中输入值可以设置对象轮廓的宽度,在其后的下拉列表中可以设置轮廓宽度的单位。

★ 颜色:在下拉的颜色块中可以选择一种颜色将其设置为轮廓颜色。

技巧1

利用选择工具 🔖 选择对象,然后右击调色板中的任何一种颜色,即可将该颜色设置为对象的轮廓色。

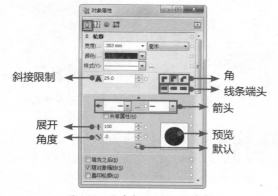

图4.91 "对象属性"泊坞窗

技巧2：

可以将一种颜色从调色板拖动到对象的边缘上以达到设置轮廓色的目的。拖动颜色时，当鼠标指针移动到对象上方鼠标变为一个空心的矩形框形状时，则表示所拖动的颜色将应用到轮廓线上；当鼠标变为一个带颜色的实心矩形框时，表示将所拖动的颜色填充到对象上。

★ 样式：在下拉列表中选择一种线条样式，就可以设置轮廓的样式。如果对话框中的样式不能满足要求，可单击设置按钮 ···，在弹出的"编辑线条样式"对话框中根据需要设置线条的样式。

★ 角：在此选项区中可以选择斜接角、圆角、斜切角3种样式，以改变轮廓线。设置角的形状可极大地影响直线和曲线的外观，尤其是对于视觉上线条很粗的对象更是如此，图4.93为设置角的效果。

图4.93 角的设置

★ 箭头：在此可以设置轮廓是否带有箭头，以及起始和结束位置的箭头属性。

★ 角度：在此输入数值，可以设置当前轮廓的角度。

★ 预览：在此区域中，可以根据当前所设置的参数，查看轮廓的状态。直接在此拖动，也可以调整轮廓的"扩展"及"角度"属性。

★ "默认"按钮：单击此按钮，可将"扩展"及"角度"参数恢复为默认数值。

当绘制了很多图形对象时，并不是所有的图形都需要轮廓线，如果要去除若干个对象的轮廓线，可以单击工具箱中轮廓笔工具右下角的黑色小三角形，在弹出的隐藏工具中选择"无轮廓" ✕，即可将选择的图形对象的轮廓线清除。

技巧：

选择这些对象后，右击调色板中的无填充色块，也可以隐藏轮廓。

4.6.2 实战演练：制作人物插画中的线条轮廓

本例主要是利用设置轮廓线属性的方法，为插画中的人物添加线条轮廓，其操作步骤如下：

01 打开随书所附光盘中的文件"第4课\4.6.2 实战演练：制作人物插画中的线条轮廓-素材.cdr"，如图4.94所示。

02 显示"颜色样式"泊坞窗，并单击新建颜色样式按钮，在弹出的菜单中选择"新建颜色样式"命令，然后按照图4.95所示进行参数设置，得到"颜色样式1"。

图4.94 素材文件　　图4.95 设置颜色样式

03 选中人物上身的基本轮廓。如图4.96所示。

图4.96 选中人物轮廓

04 右击上一步创建的"颜色样式1"，并在"对象属性"泊坞窗中设置其轮廓参数，如图4.97所示，得到如图4.98所示的效果。

图4.97 设置轮廓属性　　图4.98 设置轮廓后的效果

05 选中画面中右侧的手臂、手掌等图形，为其设置轮廓属性，得到如图4.99所示的效果。

06 下面来具体制作手掌上的线条纹路。选择手掌右侧的图形，如图4.100所示。

图4.99 设置其他的轮廓　　图4.100 选中手掌

07 按小键盘上的+键进行原位复制，按照第4步中的方法设置其线条，如图4.101所示。

08 保持图形的选中状态，按F10键切换至形状工具，此时选中的图形变为图4.102所示的状态。

图4.101 添加线条属性　　图4.102 选择形状工具后的效果

09 将光标置于靠近手腕的线条上并单击，如图4.103所示。

10 按Delete键删除选中的线条，得到如图4.104

所示的效果。

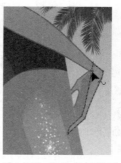

图4.103 摆放光标位置　　图4.104 删除多余线条
　　　　　并单击

11 选择钢笔工具在人物手指的位置绘制2个线条，并按照第4步的方法设置其线条属性，得到如图4.105所示的效果。

12 在人物的短裤上绘制线条，并设置其颜色为红色，得到如图4.106所示的效果。

图4.105 制作其他线条　　图4.106 设置短裤的轮廓线

13 选中短裤轮廓之外的线条，在"对象属性"泊坞窗中设置其属性，如图4.107所示，得到如图4.108所示的效果。

图4.107 设置轮廓属性　　图4.108 最终效果

4.6.3　将轮廓线转换为对象

轮廓线是一种不可编辑的曲线，它只能

改变颜色及大小和样式，如果想对它进行编辑，只有将其图形对象后才可以编辑。

将轮廓转换为图形对象的具体操作步骤如下所述。

01 选择工具箱中的钢笔工具绘制一个图形，如图4.109所示。

02 单击工具箱中的选择工具，选择曲线对象。

03 选择"排列"|"将轮廓转换为对象"命令，即可将轮廓线转换为对象，转换后可以对矩形进行添加、删除节点等操作，如图4.110所示是为对象添加渐变填充后的效果。

图4.109 绘制的曲线 图4.110 "将轮廓转换为对象
对象 象"后的效果

提示：

当轮廓转换为对象后，在选择状态下图形对象会出现可调节节点。

4.6.4 将轮廓线转换为曲线

通常绘制的矩形、圆形等标准图形是无法进行节点编辑的，但通过将轮廓线转换成为曲线则可以对其进行节点编辑。

将轮廓线转换为曲线的具体操作步骤如下所述。

01 选择工具箱中的形状工具绘制一个心形。

02 单击工具箱中的选择工具，选择心形对象，如图4.111所示。

03 选择"排列"|"转换为曲线"命令，即可将轮廓线转换为曲线，转换后可以对心形进行添加、删除节点等操作，如图4.112所示。

图4.111 选中后的心形对象 图4.112 将心形转换为
曲线后的效果

提示：

未转换为曲线的心形的节点为实心的，而转换为曲线后的心形的节点则为空心的。

4.7 插画设计综合实例：窈窕淑女插画设计

本例主要是利用绘制并为图形设置多样化填充等知识，设计一款插画，其操作步骤如下：

01 打开随书所附光盘中的文件"第4课\4.7 插画设计综合实例：窈窕淑女插画设计-素材1.cdr"，如图4.113所示。

02 使用贝塞尔工具，绘制人物的身体基本轮廓，其填充色的颜色值为（R：255、G：174、B：120，裙子的颜色暂时设置为紫色即可，得到的整体状态如图4.114所示。

图4.113 素材文件 图4.114 绘制人物基本轮廓

03 选择人物上半身的图形，在"对象属性"泊坞窗中设置渐变填充属性，如图4.115所示，得到如图4.116所示的效果。

图4.115 设置填充属性　图4.116 填充渐变后的效果

04 为双腿、裙子设置渐变填充属性，其"对象属性"泊坞窗分别如图4.117和图4.118所示，得到如图4.119所示的效果。

图4.117 设置腿部渐变　图4.118 设置裙子渐变

图4.119 设置渐变后的效果

05 为人物增加立体感。选择贝塞尔工具，沿人物右侧手臂的内部边缘绘制阴影图形，并在"对象属性"泊坞窗中设置其填充色，如图4.120所示，得到如图4.121所示的效果。

图4.120 设置颜色　图4.121 设置颜色后的效果

06 为另一个手臂、衣服、腰部、裙子及双腿绘制阴影，直至得到如图4.122所示的效果。

07 按照前面讲解的绘制图形、设置渐变填充等方法，继续制作人物的面部、头发等元素，得到如图4.123所示的效果。

图4.122 制作其他区域　图4.123 制作其他区域后
　　　的阴影　　　　　　　的效果

08 打开随书所附光盘中的文件"第4课\4.7 插画设计综合实例：窈窕淑女插画设计-素材2.cdr"，按Ctrl+A快捷键进行全选，按Ctrl+C快捷键进行复制，返回插画文件中，按Ctrl+V快捷键进行粘贴，从而在腿上增加一些装饰元素，得到如图4.124所示的效果。用户还可以尝试为裙子增加一些花纹，如图4.125所示。

图4.124 添加装饰元素　图4.125 添加花纹后的效果

4.8 学习总结

在本课中，主要讲解了CorelDRAW中的常用填充与轮廓属性设置方法。通过本课的学习，读者应能够熟练掌握为图形设置均匀填充、渐变填充、网状填充，以及为轮廓设置多样化的属性、将其转换为对象或曲线等知识。

4.9 练习题

一、选择题

1. 默认状态下，Coreldraw绘制的图形_____。
   A. 无轮廓，无填充色 　　　　B. 有轮廓，而无填充色
   C. 无轮廓，有填充色 　　　　D. 无轮廓，而无填充色

2. 利用_____工具可以制作出复杂多变的网格填充效果。
   A. 渐变填充工具 　　　　　　B. 填充工具
   C. 颜色滴管工具 　　　　　　D. 网状填充工具

3. 下列移除对象轮廓属性的说法中，正确的是_____。
   A. 选定对象后，在"对象属性"泊坞窗中设置"宽度"为"无"
   B. 选定对象后，鼠标右键点击调色板上的无色
   C. 选定对象后，按Delete键
   D. 选定对象后，按Shift+Delete键

4. 在CorelDRAW的图样填充中，可以设置图样的哪些属性？_____
   A. 双色或全色 　　　　　　　B. 大小
   C. 倾斜 　　　　　　　　　　D. 旋转

5. 要为选中的图形设置自定义渐变效果，可以使用_____。
   A. "颜色"泊坞窗 　　　　　　B. "对象属性"泊坞窗
   C. "渐变"泊坞窗 　　　　　　D. 渐变填充"命令

6. 以下可以在CorelDRAW设置的填充方式有_____。
   A. 均匀填充 　　　　　　　　B. 渐变填充
   C. 底纹填充 　　　　　　　　D. 图样填充

7. 下列关于设置对象轮廓属性的说法中，正确的是_____。
   A. 在调色板中单击右键可以设置图形的轮廓色
   B. 按照"对象属性"泊坞窗中的参数，最多可以将轮廓的宽度设置为36pt
   C. 对于开放路径，可以将轮廓的端点设置为圆形
   D. 可以设置虚线型轮廓效果

二、填空题

1. 打开轮廓笔对话框的快捷键是_____。
2. _____可以理解为一系列具有相似色相的颜色样式合集或颜色样式组。
3. 在各种渐变类型中，无法设置"角度"参数的是_____。
4. 在设置自定义渐变时，最左侧的色标称为_____，最右侧的色标称为_____。

三、上机题

1. 打开随书所附光盘中的文件"第4课\4.9 题1-素材.cdr"，如图4.126所示，结合本课中讲解的填充图形等操作，为该素材中的人物衣服制作得到类似如图4.127所示的效果。

图4.126 素材图像　　　　　　　图4.127 填充颜色后的效果

2. 打开随书所附光盘中的文件"第4课\4.9 题2-素材.cdr"，如图4.128所示。结合图形绘制功能及本课讲解的格式化功能，制作得到如图4.129所示的效果。

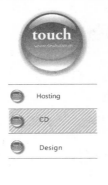 

图4.128 素材图像　　　　　　图4.129 制作得到的效果

第5课
服装设计：高级填充设置

在上一课中，已经学习了均匀填充、渐变填充和网格填充等常用的填充设置方法，实际上，CorelDRAW还提供了更高级、更丰富的填充功能，以满足不同的工作需求。在本课中，讲解高级填充功能的设置，以及复制对象属性、对象样式的创建与应用方法。

5.1 服装设计概述

服装设计属于工艺美术范畴，是实用性和艺术性相结合的一种艺术形式。目前，在计算机上进行服装设计，主要分为造型设计、结构设计与款式设计3部分。

5.1.1 造型设计

造型设计主要指根据设计师的构思，将其以传统绘画或电脑绘画的方式展现出来，例如图5.1所示就是一些国外设计的服装造型设计作品。

图5.1 服装造型设计

5.1.2 结构设计

结构设计指用于设计服装的CAD展开图，包含如衣领、衣袖、下摆、口袋、纽扣等各部分的具体形态、尺寸及分割方式等信息。例如图5.2所示就是一个典型的服装结构设计作品。

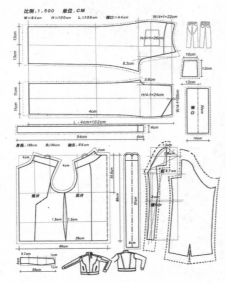

图5.2 服装造型设计

服装结构设计往往需要使用专门的CAD

软件，如国外的OPTITEX、格柏、爱维斯、派特等，以及国内的博克、盛装、唐装、服装大师、ET、富怡等。

5.1.3 款式设计

款式设计即绘画款式图，包括对服装造型、面料以及色彩等多方面的表现。本书中讲解的CorelDRAW软件，就可以很好地完成款式设计工作。例如图5.3和图5.4所示均为完成后的款式设计作品，区别在于，前者对于人物本身的刻画较少，着重表现服装，而后者则处理得较为全面，整体效果更为亲切一些。

图5.3 服装款式设计1

图5.4 服装款式设计2

在本课后面的实例中，将以服装的款式设计为主，讲解CorelDRAW X6中的高级填充功能。

5.2 高级填充属性

5.2.1 设置图样填充

图样填充是由一系列系统自带、可重复的对称矢量对象或图像组成的一种填充模式。应用图样填充可以快速为对象填充图样或图像，以提高工作效率。

要为对象填充图样，可以在"对象属性"泊坞窗中将填充类型设置成为"图样填充"，如图5.5所示。也可以在工具箱底部单击填充工具右下角的小黑色三角形，在弹出的工具菜单中单击图样填充按钮，即可调出"图样填充"对话框，如图5.6所示。

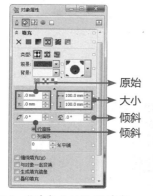

图5.5 "对象属性"泊坞窗

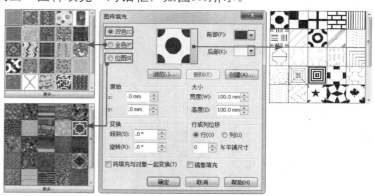

图5.6 "图样填充"对话框

下面以"图样填充"对话框为例，讲解其中的重要参数。

★ 原始：用于设置图样的起始位置，默认的原点为X:0、Y:0，用户可以根据自己的需要设定原点的值，可以是正数也可以是负数，单位是mm。

★ 大小：用于设定图样的大小，包括高和宽两项。高和宽的最小值是2.54mm，最大值为1524.00mm。

★ 变换：用于设定图样的倾斜和旋转角度。倾斜和旋转角度可以是正数也可以是负数，可以只对图样应用一种变换，也可以同时应用倾斜和旋转。

★ 行或列位移：用于设定填充时图样之间行或列的位移。位移的尺度按照图样平铺尺寸的百分比来设置，最大为平铺尺寸的100%，最小为0%。进行位移时，只能对行或列位移，不能同时进行行和列的位移。

★ 将填充与对象一起变换：如果选中该复选框，当被填充的对象进行变形、旋转等变换时，填充的内容将与对象一起变换；否则当变换对象时，填充的内容保持原来的排列，不随对象一起变换。

5.2.2 实战演练：时尚风格服装设计

本例主要是利用图样填充功能，设计一款时尚风格的服装，其操作步骤如下：

01 打开随书所附光盘中的文件"第5课\5.2.2 实战演练：时尚风格服装设计-素材.cdr"，如图5.7所示。

02 选中其中的衣服图形，按小键盘上的+键进行原位复制。

03 保持图形的选中状态，单击工具箱中的填充工具 右下角的小黑色三角形，在弹出的隐藏工具菜单中单击图样填充按钮。

04 设置弹出的对话框如图5.8所示，得到如图5.9所示的效果。

图5.7 素材图形　　　　图5.8 "图样填充"对话框　　　　图5.9 填充衣服后的效果

05 保持图形的选中状态，在工具箱中选择透明度工具，在"属性栏"中设置参数，如图5.10所示，得到如图5.11所示的效果。

图5.10 设置透明度属性

06 选中衣领图形，按照第2～5步的方法为其设置图样填充，得到如图5.12所示的最终效果。

图5.11 设置透明度后的效果　　　　图5.12 最终效果

5.2.3 创建并应用自定义图样

在CorelDRAW中用户可以自定义一种图像为图样进行填充，这样就可以创造更丰富

的填充效果。

下面讲解创建自定义图样填充的方法：

01 将需要定义成图样的对象放置在绘图纸内（任何对象都可以来定义图样）。

02 选择"工具"|"创建"|"图案填充"命

令，弹出如图5.13所示的对话框，在其中选择要定义的图样类型及分辨率参数。

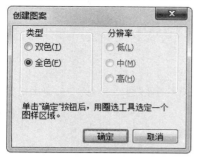

图5.13 "创建图案"对话框

03 单击"确定"按钮退出对话框，鼠标变为"十"字线，然后拖动出一个矩形框，将要定义图案的区域选中。

04 释放鼠标后将弹出提示框，单击"确定"按钮即可。

05 如果选择图样类型为"双色"，即可调用定义好的图样进行填充；如果选择的是"全色"类型，会弹出对话框，在输入保存的文件名称、位置等参数后，单击"保存"按钮退出对话框，此时在"全色"类型中即可找到刚刚定义完成的图样。

5.2.4 设置底纹填充

使用底纹填充命令可以给图形填充各种不同的纹理，模拟各种真实纹理的效果。要对图形应用底纹填充效果，可以在"对象属性"泊坞窗中将填充类型设置成为"图样填充"，如图5.14所示。也可以单击工具箱中的填充工具 右下角的小黑色三角形，在弹出的隐藏工具菜单中单击底纹填充按钮 ，在弹出的"底纹填充"对话框中进行设置。

图5.14 "对象属性"泊坞窗

底纹填充方式的基本操作步骤如下所述：

01 使用选择工具 选择对象，按照前面讲解的方法，调出如图5.15所示"底纹填充"对话框。

图5.15 "底纹填充"对话框

02 在"底纹库"下拉菜单中选择一种底纹库，然后在"底纹列表"列表框中选择一种底纹。

03 单击"选项"按钮，在弹出的对话框中可以设置底纹的分辨率、宽度等。

04 在"平铺"按钮，在弹出的对话框中可以设置底纹的原始坐标、大小、变换等，设置好后单击"确定"按钮即可，效果如图5.16所示。

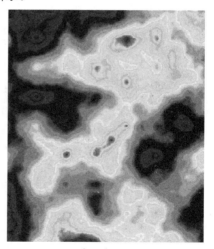

图5.16 填充底纹后的效果

提示：
在"底纹填充"对话框中选择不同的底纹会有不同的设置，用户可自行尝试各种不同的设置。

5.2.5 实战演练：简约风格服装设计

本例主要是利用底纹填充功能，设计一款简约风格的服装，其操作步骤如下：

01 打开随书所附光盘中的文件"第5课\5.2.5 实战演练：简约风格服装设计-素材.cdr"，如图5.17所示。

02 选中其中的衣服图形，按小键盘上的+键进行原位复制。

03 保持图形的选中状态，单击工具箱中的填充工具 右下角的小黑色三角形，在弹出的隐藏工具菜单中单击底纹填充按钮 。

04 设置弹出的对话框如图5.18所示，得到如图5.19所示的效果。

05 选中手包图形，按照第2～4步的方法设置其底纹填充，得到如图5.20所示最终的效果。

 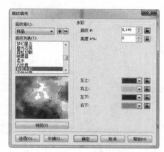  

图5.17 素材图形 　图5.18 "底纹填充"对话框 　图5.19 填充衣服后的效果 　图5.20 最终效果

5.2.6 设置PostScript填充

PostScript填充是一种特殊的图案填充方式，它可以向对象添加半色调挂网的效果。要对图形应用PostScript填充效果，用户可以在"对象属性"泊坞窗中将填充类型设置成为"PostScript填充"，如图5.21所示。也可以单击工具箱中的填充工具 右下角的小黑色三角形，在弹出的隐藏工具菜单中单击PostScript填充按钮 ，在弹出的"底纹填充"对话框中进行设置。

底纹填充方式的基本操作步骤如下：

01 使用选择工具 选择对象，单击工具箱中的填充工具 右下角的小黑色三角形，在弹出的隐藏工具中单击"PostScript填充"按钮 ，弹出如图5.22所示"PostScript底纹"对话框。

02 在左侧的列表中选择一种样式，同时在"参数"栏中设置其样式的最终参数。

03 设置好后单击"确定"按钮即可，效果如图5.23所示。

图5.21 "对象属性"泊坞窗 　图5.22 "PostScript底纹"对话框 　图5.23 PostScript填充后的效果

5.2.7 实战演练：清新风格服装设计

本例主要是利用PostScript填充功能设计一款清新风格的服装，其操作步骤如下：

01 打开随书所附光盘中的文件"第5课\5.2.7 实战演练：清新风格服装设计-素材.cdr"，如图5.24

所示。

02 选中其中的内衣图形，按小键盘上的+键进行原位复制。

03 保持图形的选中状态，单击工具箱中的填充工具 右下角的小黑色三角形，在弹出的隐藏工具菜单中单击PostScript填充按钮 。

04 设置弹出的对话框如图5.25所示，得到如图5.26所示的效果。

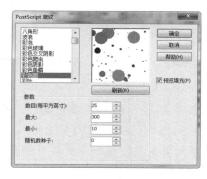

图5.24　素材图形　　　　　　图5.25　"PostScript底纹"对话框　　　　　图5.26　填充后的效果

05 选中左侧腿部的图形，按照第2～4步的方法为其设置PostScript填充属性，设置弹出的对话框如图5.27所示，得到如图5.28所示的效果。

图5.27　"PostScript底纹"对话框　　　　　　图5.28　填充后的效果

06 保持图形的选中状态，选择透明度工具 ，在"属性栏"中设置参数，如图5.29所示，得到如图5.30所示的效果。

07 选中右侧腿部的图形，按照第5～6步的方法为其设置填充属性，得到如图5.31所示的最终效果。

图5.29　设置透明度参数　　　　图5.30　设置透明度后的效果　　　图5.31　最终效果

5.2.8　智能填充

智能填充工具 会自动寻找对象中具有轮廓相对封闭的区域进行填充，并以该填充区域为轮廓创建一个新的对象，该填充区域与"智能"所检测到的填充区域除了形状一样外没有任何牵连。

智能填充工具的使用方法很简单，选择工具栏中的智能填充工具，将鼠标移动到具有轮廓相对封闭的区域，单击鼠标即可获得一个新的对象。

图5.32为智能填充工具的"属性栏"，下面具体讲解智能填充工具"属性栏"中的参数。

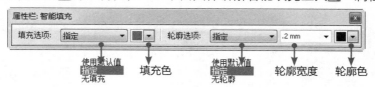

图5.32 智能填充工具的"属性栏"

★ 填充选项：在此可以选择创建新对象时使用的填充属性。在其下拉菜单中有3个选项，选择"使用默认值"可以创建新的对象，但不会填充颜色；选择"指定"用户可以自行指定填充的颜色和轮廓色；选择"无填充"创建一个无填充色的新对象。

★ 填充颜色：当启用"指定"填充设置时，可以在填充颜色的下拉菜单内选择颜色进行填充。

★ 轮廓选项：在此可以选择创建新对象时使用的轮廓属性。在其下拉菜单内同样有3个选项，选择"使用默认值"和"无轮廓"创建的新对象将不会添加轮廓色；使用"指定"时可以启用"轮廓宽度"和"轮廓颜色"。

★ 轮廓宽度：设定新对象轮廓的宽度。

★ 轮廓色：设定新对象的轮廓颜色。

提示：

利用智能填充工具可以在图形、文本等任何可见轮廓间，创建一个新的对象并填充指定的颜色。但智能填充工具所能填充的区域必须是可见到对象的轮廓。例如一个有填充色的矩形遮盖了后面对象的轮廓，智能填充工具将不能检测。

如图5.33所示为素材图像，如图5.34所示是在背景中的线条上进行填充后的效果。

图5.33 素材图像

图5.34 在不同区域填充后的效果

5.3 复制对象属性

▌5.3.1 滴管工具与颜料桶工具

在CorelDRAW中，滴管工具可分为颜色滴管工具与属性滴管工具两种，其"属性栏"分别如图5.35和图5.36所示。

图5.35 颜色滴管工具的"属性栏"　　　　　图5.36 属性滴管工具的"属性栏"

　　使用颜色滴管工具 ✒ 不但可以在绘图页面吸取任意图形对象的颜色，甚至可以从程序之外乃至桌面任意位置拾取颜色，之后，将自动切换至颜料桶工具 ◇，可以将取得的颜色作为填充色轮廓色应用至其他的图形对象中。若按下"从桌面选择"按钮就可以用颜色滴管工具 ✒ 拾取CorelDRAW操作界面以外的系统桌面上去拾取颜色。

　　属性滴管工具 ✒ 的功能及使用方法与颜色滴管工具 ✒ 基本相同，区别在于，前者是吸取并应用对象的属性，根据上面在"属性栏"中展示的内容可以看出，这些属性包括轮廓、填充、大小、透视、封底等多种属性。

> **提示：**
>
> 　　在可复制的属性中，如透视、变形、调和等属性是我们还没有学习到的，本书将在后面的课节进行详细讲解，但这并不影响我们学习此复制对象属性的操作方法。

　　下面将以属性滴管工具 ✒ 配合颜料桶工具 ◇ 为例，讲解其具体的操作方法：

01 在绘图区绘制或导入一个图形对象。在本例中，打开随书所附光盘中的文件"第5课\5.3.1 滴管工具与颜料桶工具-素材.cdr"，如图5.37所示。

02 选择人物的头发图形，在"对象属性"泊坞窗中设置其渐变填充颜色，如图5.38所示，得到如图5.39所示的效果。

图5.37 素材图像　　　　图5.38 "对象属性"泊坞窗　　　　图5.39 填充渐变后的效果

> **提示：**
>
> 　　在"对象属性"泊坞窗中，所使用的渐变颜色为（C：20、M：98、Y：93、K：7）和（C：32、M：93、Y：59、K：23）。

03 使用属性滴管工具 ✒ 并在其"属性栏"中设置适当的参数。在本例中，由于是要将人物衣服上的渐变复制到背景的图案上，因此可以按照图5.40所示进行参数设置。

04 使用属性滴管工具 ✎ 在人物衣服上单击，以吸取对象属性，如图5.41所示。

图5.40 设置适当的参数

图5.41 吸取对象属性

05 在使用属性滴管工具 ✎ 的情况下，按住Shift键即可暂时切换至颜料桶工具 ◈ ，此时在要应用属性的目标对象上单击即可，如图5.42所示。如图5.43所示是单击后的效果。

06 按照上一步的方法，继续在人物身体右侧的阴影区域上单击，以改变其颜色，直至得到如图5.44所示的最终效果。

图5.42 摆放光标位置

图5.43 应用属性后的效果

图5.44 最终效果

5.3.2 使用"复制属性自"命令

复制对象属性是指将一个对象的属性复制到另外一个对象上，可以被复制的属性包括填充、轮廓线、轮廓色等。

复制对象属性的具体操作步骤如下：

01 打开随书所附光盘中的文件"第5课\5.3.2 使用"复制属性自"命令-素材.cdr"，如图5.45所示。

02 单击工具箱中的选择工具 ▶ ，选择要进行复制的对象，笔者在此选择的是衣服形状。

03 选择"编辑"|"复制属性自"命令，弹出如图5.46所示的"复制属性"对话框，在对话框中勾选一个或多个复选框，单击"确定"按钮后，鼠标变为一个向右的黑色粗箭头，如图5.47所示。

图5.45 素材图像

图5.46 "复制属性"对话框

图5.47 鼠标变为黑色箭头

04 移动黑色箭头至要被复制属性的对象上单击即可，在此笔者单击的是背景上的红色渐变花纹，此操作得到的效果如图5.48所示，可以看出在步骤2中被选中的衣服目前具有与红色渐变花纹相同的填充。

图5.48 复制对象属性后的效果

5.3.3 使用鼠标右键快速复制对象属性

使用鼠标右键快速复制对象属性的操作

方法如下：

01 用右键拖动对象至目标对象上，此时的光标变成⊕状态，释放右键弹出如图5.49所示的菜单。

图5.49 右击弹出的菜单

02 在弹出菜单内选择"复制填充"、"复制轮廓"、"复制所有属性"任意一项，即可完成复制属性的操作。

5.4 创建与应用对象样式

与颜色样式相似，对象样式可以设置各种不同对象的属性，使用此功能可以大幅度降低为图形应用相同属性的操作，其中包括对轮廓、填充、字符、段落及图文框等对象的属性设置。

对象样式的相关操作主要集中在"对象样式"泊坞窗中，用户可以按Ctrl+F5键或选择"窗口"|"泊坞窗"|"对象样式"命令，以调出该泊坞窗，如图5.50所示。

图5.50 "对象样式"泊坞窗

在本节中，将主要讲解轮廓与填充对象样式及相关样式集的使用方法。

5.4.1 创建对象样式

用户可以按照以下方法创建对象样式：

★ 直接创建对象样式：单击"对象样式"泊坞窗中"样式"后面的新建样式按钮⊕，在弹出的菜单中选择一种样式类型，即可按照默认的参数及名称创建得到相应的样式。

★ 依据现有对象的属性创建对象样式：选中要依据其属性创建样式的对象，如图5.51所示，在该对象上单击右键，在弹出的菜单中选择"对象样式"|"从以下项新建样式"子菜单中的"轮廓"或"填充"命令，弹出类似如图5.51所示的对话框，输入名称并单击"确定"按钮即可完成样式的创建，如图5.52所示。

图5.51 "从以下项新建样式"
对话框

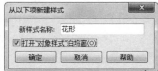

图5.52 "对象样式"
泊坞窗

创建对象样式后，用户可以在下方的参数区中对其属性进行编辑。

5.4.2 创建对象样式和样式集

对象样式的功能是用于定义单个属性，而对象样式集则可以对多个属性进行定义，如在一个对象样式集中，可以同时设置轮廓与填充等属性。要创建对象样式集，可以按照以下方法操作：

★ 直接创建对象样式：单击"对象样式"泊坞窗中"样式集"后面的新建样式集按钮，从而以默认的名称创建一个新的对象样式集，再单击该样式集上的添加或删除样式按钮，在弹出的菜单中选择一种要添加或删除的样式，然后进行具体的参数设置即可。

★ 依据现有对象的属性创建对象样式集：用户可以按照上一小节中讲解的依据对象创建样式的方法，来创建样式集。不同的是，在对象上单击右键后，应选择"对象样式"|"从以下项新建样式集"命令，在弹出的对话框中输入名称并单击"确定"按钮即可完成样式集的创建。

创建对象样式集后，用户可以在下方的参数区中对其属性进行编辑。

5.4.3 应用对象样式和样式集

应用对象样式的具体操作步骤如下：

以前面创建了对象样式后的文件为例，下面将通过为其他花形应用"花形"对象样式为例，讲解应用对象样式的操作方法。

01 使用选择工具选中所有要应用"花形"样式的对象。

02 显示"对象样式"泊坞窗，然后执行下列操作之一：

★ 拖动样式到要应用的对象上，可以快速应用样式。此方法可以在没有选中对象的情况下进行操作，但该方法每次只对单个对象应用样式。

★ 选中对象，然后双击要应用的对象样式。

★ 在要应用的对象样式名称上单击右键，在弹出的菜单中选择"应用样式"命令。

★ 在选中的图形上单击右键，在弹出的菜单中选择"对象样式"|"应用样式"子菜单中的样式名称。

★ 单击"对象样式"泊坞窗右下方的"应用于选定对象"按钮。

应用对象样式集的方法与应用对象样式的方法基本相同，故不再详述，读者可自行尝试。

5.4.4 删除对象样式和样式集

对于已添加对象样式的图形对象，可以通过"删除"命令来删除不需要的对象样式，在删除时也可以将系统自带的对象样式删除。

删除对象样式的具体操作步骤如下所述。

01 选择"工具"|"对象样式"命令，弹出"对象样式"泊坞窗。

02 在该泊坞窗中选择一种对象样式。

执行下列操作之一，删除对象样式：

★ 直接按Delete键即可删除选中的对象样式。

★ 在要删除的对象样式上单击右键，在弹出的菜单中选择"删除"命令。

★ 单击"对象样式"泊坞窗右上角的泊坞窗按钮，在弹出的菜单中选择"删除"命令。

5.5 服装设计综合实例：欧式花纹服装设计。

本例主要是利用定义位图图样并进行填充等功能设计一款欧式风格的
服装，其操作步骤如下：

01 打开随书所附光盘中的文件"第5课\5.5 服装设计综合实例：欧式花纹服装设计-素材1.cdr"，
如图5.53所示。按Ctrl+A快捷键执行"全选"操作，然后将图形的填充色设置为白色。

02 选择"工具"|"创建"|"图样填充"命令，设置弹出的对话框如图5.54所示，单击"确定"按
钮。然后绘制一个矩形框，将整个白色图形选中。

03 释放鼠标后，在弹出的对话框中单击"确定"按钮，在接下来弹出的对话框中输入名称，将其
定义为图样。

04 打开随书所附光盘中的文件"第5课\5.5 服装设计综合实例：欧式花纹服装设计-素材2.cdr"，
如图5.55所示。选中其中的衣服图形，按小键盘上的+键进行原位复制。

图5.53 素材图形　　　　图5.54 "创建图案"对话框　　　　图5.55 素材图形

05 保持图形的选中状态，单击工具箱中的填充工具 右下角的小黑色三角形，在弹出的隐藏工具
菜单中单击图样填充按钮 。

06 设置弹出的对话框如图5.56所示，得到如图5.57所示的效果。

07 按照第4～6步的方法，分别选中人物的2个裙子图形，为其填充图样，得到如图5.58所示的效
果。读者还可以尝试使用透明度工具 为其设置透明度属性，得到类似如图5.59所示的效果。

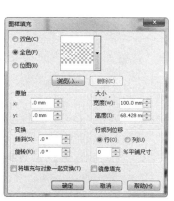

图5.56 "图样填充"对话框　图5.57 填充图样后的效果　图5.58 最终效果　图5.59 设置透明度后的效果

5.6 学习总结

在本课中，主要讲解了CorelDRAW中的高级填充功能、复制对象属性以及对象样式功能。通过本课的学习，读者应对CorelDRAW提供的高级填充功能有所了解，同时，还应该掌握复制对象属性与对象样式的使用。尤其对于对象样式，在针对大量图形进行相同或相似的格式化处理时，该功能是非常实用的。

5.7 练习题

一、选择题

1. 下列关于自定义图样的说法正确的是_____。

    A. 可以使用选择"编辑"|"创建"|"图案填充"命令来定义图样

    B. 在定义图样时，可以选择"双色"或"全色"类型

    C. 可以绘制一个矩形框，来决定图样的范围

    D. 仅矢量对象可以用于定义图样

2. 在CorelDRAW中可以设置的填充类型是_____。

    A. 底纹填充   B. 渐变填充   C. 图样填充   D. PostScript填充

3. 下列关于复制对象属性的说法中，正确的是_____。

    A. 可以使用属性滴管工具🖊复制对象的填充、轮廓及文本格式等属性

    B. 如果图形A的填充属性，是通过使用"编辑"|"复制属性自"命令，从图形B上获得的，则图形B的填充属性发生变化时，图形A的填充属性也将发生变化

    C. 可以通过右键拖拽对象并在弹出的快捷菜单中选择相关命令的方法复制填充属性

    D. 按住Ctrl键拖动图形A到图形B上，即可将图形A的属性复制给图形B

4. 关于使用属性滴管工具🖊与颜料桶工具◇复制对象属性的操作，下列说法错误的是_____。

    A. 使用属性滴管工具🖊在源图形上单击以吸取属性，直接在目标图形上单击，即可完成复制对象属性操作

    B. 使用属性滴管工具🖊在源图形上单击以吸取属性，然后需要选择颜料桶工具◇，再按住Shift键在目标图形上单击，即可完成复制对象属性操作

    C. 在使用属性滴管工具🖊的情况下，按住Shift键在源图形上单击以吸取属性后，在目标图形上单击即可

    D. 在使用属性滴管工具🖊的情况下，在源图形上单击以吸取属性后，按住Shift键在目标图形上单击即可

5. 下列关于颜色样式的说法中，正确的是_____。

    A. 在选中颜色样式后，在"颜色样式"泊坞窗的顶部即可输入新的名称，之后按Enter键确认即可

    B. 在"颜色样式"泊坞窗中，单击新建颜色样式按钮🔲，在弹出的菜单中选择"新建颜色样式"命令，即可使用默认的参数创建颜色样式

    C. 选中带有要创建颜色样式的图形，将其拖至"颜色样式"泊坞窗的颜色和谐区域中，

如图所示，即可根据所选图形的填充及轮廓色，创建新的颜色样式

D. 选中要删除的一个或多个颜色样式，然后单击"颜色样式"泊坞窗上的删除按钮 🗑 即可

6. 下列关于对象样式的说法中，正确的是_____。

A. 在选中的图形上单击右键，在弹出的菜单中选择"对象样式"|"从以下项新建样式"子菜单中的"轮廓"或"填充"命令，可以创建对象样式

B. 可以为对象样式指定一个快捷键，以便于快速应用

C. 单击"对象样式"泊坞窗中"样式集"后面的新建样式集按钮⊞，从而以默认的名称创建一个新的对象样式集

D. 在选中的对象样式上单击右键，在弹出的菜单中选择"删除"命令，可以将其删除

二、填空题

1. 图样填充的方法有三种，即_____、_____和_____。

2. 使用_____会自动寻找对象中具有轮廓相对封闭的区域进行填充。

3. 在使用属性滴管工具 🖊 的情况下，按住_____键即可暂时切换至颜料桶工具 🪣。

4. 要显示"对象样式"泊坞窗中，用户可以按_____键。

三、上机题

1. 打开随书所附光盘中的文件"第5课\5.7　题1-素材.cdr"，如图5.60所示。将人物的背景定义为图样，然后使用该图样填充其衣服，得到类似如图5.61所示的效果。

图5.60　素材图像　　　　　　图5.61　填充图样后的效果

2. 打开随书所附光盘中的文件"第5课\5.7　题2-素材.cdr"，如图5.62所示。首先为人物的背包图形设置一个渐变颜色，如图5.63所示，然后将该图形的属性定义成为对象样式，并将其应用到两个靴子图形上，直至得到类似如图5.64所示的效果。

图5.62　素材图像　　　　图5.63　设置渐变后的效果　　　图5.64　应用样式后的效果

3. 仍然使用上一题中的素材，试通过2种复制对象属性的方法，将背包图形的渐变，复制到2个靴子图形上。

4. 打开随书所附光盘中的文件"第5课\5.7 题4-素材.cdr"，如图5.65所示。选中其中的人物，并依据该图形创建颜色样式，得到类似如图5.66所示的3组颜色样式。

图5.65 素材　　　　　图5.66 创建得到的颜色样式

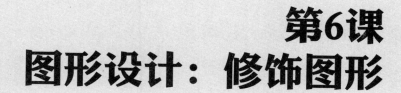

第6课
图形设计：修饰图形

对于已经绘制好的图形，CoreIDRAW提供了大量可以改变其形态的功能，它可以帮助我们更好地对已有图形进行编辑处理，在本课中，将针对这部分功能进行详细讲解。

6.1 图形设计概述

6.1.1 图形设计的概念

图形设计是一个较为宽泛的设计领域，一个花纹、一个卡通形象、几个图形的相互组合等，都可以归结到图形设计领域中。本课主要是讲解将图形进行特效处理的相关知识，即通过CorelDRAW中强大的图形修饰（也包括前面讲解的图形绘制）功能制作多种多样的特效图形，即特效图形设计，如图6.1所示就是一些典型的特效图形设计作品。

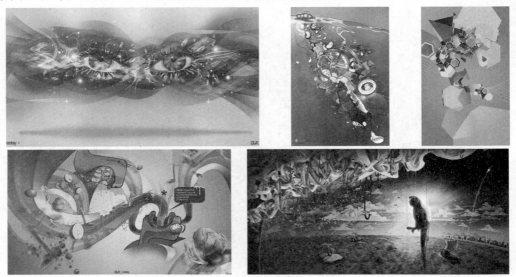

图6.1 特效图形设计作品

6.1.2 图形设计的应用

由于人们审美情趣的提高，对图形特效设计的要求也越来越高，并广泛应用于各类设计领域中，如网页设计、广告设计、包装设计与装帧设计等。

在强调创意的广告设计领域中，虽然多以创意或特效图像为主进行表现，但也不乏利用特效图形进行表现的优秀作品，如图6.2所示。

图6.2 以图形为主的创意广告

另外，在一切都在飞速发展的今天，包装及装帧的广告作用已经越来越明显地展现出来，消费者在挑选商品时，最先看到的就是其外观，由此决定是否进行查阅，并最后决定是否产生购买行为。通过在包装或图书装帧中运用图形特效技术，有助于使某商品从种种商品中脱颖而出，因此越来越多的设计师开始关注这一设计手法，如图6.3所示。

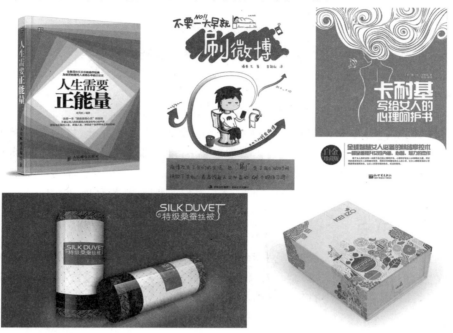

图6.3　封面及包装设计作品

再比如，随着计算机硬件设备性能的不断加强和人们审美情趣的不断提高，以往古板单调的操作界面早已无法满足人们的需求，一个网页、一个电脑软件或一个手机应用的界面设计的优秀与否，已经成为人们衡量的标准之一，这也证明了人机交互界面的重要性。

为了使界面效果更加出色、精美，大量界面设计师开始在界面设计工作中进行更为丰富的设计。但与前几年不同的是，目前扁平化的矢量风格界面更为流行，尤其在手机界面设计中，几乎都是以图形加色彩设计相结合，来完成一个出色的界面。此类情况在越来越多的网页设计作品中也变得更为常见，如图6.4所示。

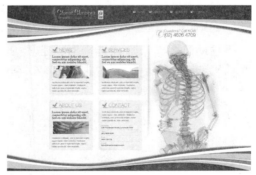

图6.4　以图形为主的网页界面设计作品

上面所讲解的是图像特效较为常见的应用领域，另外还包括许多其他的领域，但基本上其原理都是大同小异的，这里就不一一列举了。

在此需要指出的是，特效图形是一个无穷尽的领域，不同的设计师根据不同的设计任务，会设计或创意出不同的特效图形，因此掌握CorelDRAW的使用技巧才是最重要的，这样才可以"以不变应万变"。

6.2 编辑图形

形状工具🔧用来编辑曲线对象的形状，其"属性栏"如图6.5所示。

图6.5 形状工具的"属性栏"

需要注意的是，并非所有对象都可以使用形状工具🔧进行编辑，例如文字工具🔡，或矩形工具🔲、椭圆形工具⭕、多边形工具⬡等工具绘制的形状，须选择"排列"|"转换为曲线"命令或直接在对象上右击，在弹出菜单内选择"转换为曲线"，也可以直接按Ctrl+Q快捷键将对象转换成为曲线，再对其形状进行编辑。

▌6.2.1 选择节点

要改变节点首先需要将要调整的节点选中，下面是一些选择节点的快捷的操作方法：

★ 圈选多个节点：选择形状工具🔧，在"属性栏"上从形状工具🔧选择模式列表框中选择"矩形"，然后围绕要选择的节点拖动，如图6.6所示。

图6.6 矩形选择节点示例

★ 手绘圈选多个节点：选择形状工具🔧，在"属性栏"上的模式列表框中选择"手绘"，然后围绕要选择的节点拖动，如图6.7所示。

图6.7 手绘选择节点示例

★ 选择多个节点：选择形状工具🔧，按住 Shift 键同时单击或框选节点，如图6.8所示。

图6.8 选择多个节点示例

★ 选择选定曲线对象上的所有节点：选择形状工具🔧，按Ctrl+A快捷键或选择"编辑"|"全选"|"节点"命令。

★ 选择曲线对象的第一个或最后一个节点：用形状工具🔧选中曲线，按 Home 或 End 键。

★ 选择选定节点之后或之前的节点：用形状工具🔧选中曲线，按 Tab 或 Shift + Tab 键。

6.2.2 编辑节点

下面是一些形状工具🔧编辑节点的常用操作方法：

★ 添加节点：在任意曲线对象需要添加节点处双击，或单击"属性栏"上的添加节点按钮🔧即可添加新的节点。

★ 删除节点：在需要删除的节点上双击，或在选中节点的情况下，单击"属性栏"上的删除节点按钮🔧。

★ 连接两个节点：选中2个断开的节点，单击"属性栏"上的连接两个节点按钮🔧。

★ 断开曲线：选中路径线上的某个节点（至少在左右各有一个节点），单击"属性栏"上的断开曲线按钮🔧。

★ 变换节点：选择节点在"属性栏"上单击延展与缩放节点按钮🔧、旋转与倾斜节点按钮🔧，然后对控制框进行操作，即完成对节点的调整。

★ 对齐节点：按Shift键选择2个以上需要对齐的节点，单击"属性栏"对齐节点按钮🔧，在弹出的对话框内选择要对齐的对象即可，如图6.9所示。

图6.9 "节点对齐"对话框

★ 减少节点：选中多个要减少的节点，然后在此处设置数值，可以移除重叠和冗余的节点。

6.2.3 转换节点

转换节点类型

在绘制节点时根据控制句柄状态，可以转换节点为尖突型、平滑型、对称型，其状态如图6.10所示。

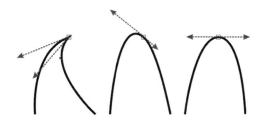

图6.10 尖突、平滑、对称型节点

使用形状工具🔧选择节点，然后在"属性栏"中单击合适的按钮，将节点转换为相应的节点类型，下面分别介绍各种按钮的用途。

★ 尖突节点按钮🔧：将节点转换为尖突

类型，特点是调整两边的控制柄互不影响。

★ 平滑节点按钮：将节点转换为平滑节点，特点是调整一个控制柄，另一个控制柄根据平滑的特点自动调整。

★ 对称节点按钮：将节点转换为对称节点，此类型节点与平滑节点相似，但两边的控制柄调整距离一样。

直线节点与曲线节点的相互转换

选择直线路径上的节点，单击"属性栏"上的转换直线为曲线按钮，即可将原来的直线路径转换成为曲线；反之，可以选中曲线路径上的节点，通过单击"属性栏"上的将曲线转换为直线按钮，将其转换成为直线。

▌ 6.2.4 编辑规则图形

使用形状工具可以对规则图形进行

编辑，比如以椭圆形工具来说，先用椭圆形工具绘制一个正圆或椭圆，再从工具箱中选择形状工具，单击椭圆轮廓线上的节点，此时如果向圆内部拖动节点，即可使圆形变成为饼形，此操作示意如图6.11所示；如果向圆的外部拖动节点则得到弧线，如图6.12所示。

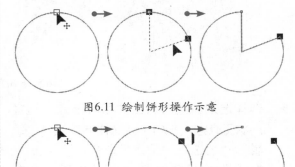

图6.11 绘制饼形操作示意

图6.12 绘制弧线操作示意

6.3 对象运算

使用对象的运算功能，可以通过对简单图形的处理，得到复杂的图形，从而大大降低工作量。要对图形进行运算，可以使用选择工具选中要运算的图形，然后在其"属性栏"上选择合适的运算模式即可，如图6.13所示。

图6.13 "属性栏"设置

下面对其中常用运算模式的使用方法及工作原理进行讲解。

▌ 6.3.1 "合并"模式

"合并"模式可以将几个不同对象的重叠部分进行合并，创建一个新的对象，其工作原理示意图如图6.14所示。

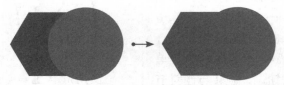

图6.14 合并运算模式工作原理示意图

如果选择合并的是有相互重叠区域的对象，这些对象将被连接成为一个新对象，且新对象的填充及轮廓颜色，将由位于最下方的图形决定。

要合并对象，可以使用选择工具选中要合并的对象，然后在其"属性栏"上单击合并按

钮 。例如图6.15所示为原图像，图6.16所示是将2个人物图像全部选中并进行合并后的剪影效果，由于位于最下的图形为白色，因此合并后的图形也是白色的。图6.17所示是将其改变成为红色后的效果。

图6.15 素材图像

图6.16 合并后的效果

图6.17 改变图形颜色后的效果

6.3.2 简化与修剪模式

使用"简化"模式可以用前面一层的对象，裁切其下面所有的对象，被当作"剪刀"的对象（最上方的图形）不会被删除，可以选择"排列"|"造形"|"简化"命令来实现简化运算，也可以在两个或多个图形对象被选中的情况下，单击"属性栏"上的简化按钮 来实现简化运算，其工作原理示意图如图6.18所示。

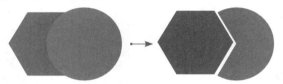
图6.18 简化运算模式工作原理示意图

如图6.19所示为未运算的形状，如图6.20所示为单击"简化"按钮 后再将羽毛图形移开的状态。

图6.19 未运算的两个形状

图6.20 简化后的状态

"修剪"模式的工作原理与"简化"模式极为相似，都是对下方的图形进行运算处理，不同的是，使用"修剪"模式时，无论选中多少个图形，都使用上方的所有图形对最底部的一个图形进行修剪。

6.3.3 相交模式

在CorelDRAW中，"相交"模式能够用两个或多个对象的重叠区域来创建一个新的对象，新建对象的形状可以简单，也可以复杂，这取决于交叉形状的类型，其工作原理示意图如图6.21所示。

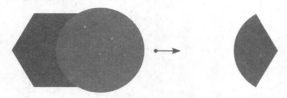

图6.21 相交运算模式工作原理示意图

例如图6.22所示为原始图形，图6.23所示是使用此模式运算后的效果。

图6.22 原始图形

图6.23 运算后的效果

> **提示：**
> "相交"模式在下列情况中处于无效状态：要相交的多个对象中包含有段落文本；对象中有尺度线条；要相交的对象是克隆的主对象；两个对象没有重叠区域。

6.3.4 移除后面对象与移除前面对象模式

这两种运算模式是用两个对象直接相减，执行"移除后面对象"操作的目标对象是后面的对象，其工作原理示意图如图6.24所示；执行"移除前面对象"操作则目标对象是前面的对象，其工作原理示意图如图6.25所示。

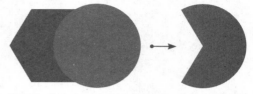

图6.24 移除后面对象运算模式工作原理示意图

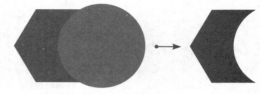

图6.25 移除前面对象运算模式工作原理示意图

以图6.26所示的原图像为例，图6.27和图6.28所示分别是选择这两种模式后的效果。

图6.26 原始图像　　图6.27 移除后面对象的图形效果

图6.28 移除前面对象的图形效果

6.3.5 创建边界

选中多个对象并单击创建边界按钮，将在选中图形的外围创建一个轮廓，以便于在此基础上进行进一步的编辑操作。

6.3.6 实战演练：音乐主题图形设计

本例主要是利用对象的运算功能，制作出特殊的图形效果，操作步骤如下：

01 新建一个文档，设置"属性栏"纸张大小为297mm×210mm，双击矩形工具 ，生成一个同页面大小相同的矩形。

02 选择"窗口"|"泊坞窗"|"对象属性"命令，弹出"对象属性"泊坞窗，设置其填充色的颜色值如图6.29所示，得到如图6.30所示的效果。

图6.29 设置填充色

图6.30 填充颜色

03 下面开始制作透明图形，选择矩形工具 ，在绘图纸上绘制矩形，设置对象大小为289mm×201mm，摆放的位置数值如图 所示，得到如图6.31所示的效果，选择"窗口"|"泊坞窗"|"对象属性"命令，弹出"对象属性"泊坞窗，设置其填充色的颜色值如图6.32所示，得到如图6.33所示的效果。

图6.31 绘制矩形

图6.32 "颜色"泊坞窗

04 右击"调色板"的无填充色块，将轮廓设置为无填充，效果如图6.34所示。

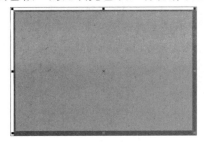

图6.33 填充颜色

图6.34 轮廓设置为无填充

05 在"属性栏"上将"全部圆角"按钮 处于解锁状态，然后再设置右边矩形的边角圆滑度如 所示，按Enter键确认变换操作，得到如图6.35所示的效果。

06 选择交互式透明工具 ，在刚刚绘制的矩形上，从左下角至右上角拖动，并设置"属性栏"如图6.36所示，得到如图6.37所示的效果。

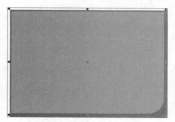

图6.35 圆滑角

图6.36 "属性栏"设置

> **提示：**
>
> 拖动控制线中的调节钮可以改变对象渐变透明的中心点；拖动控制线箭头所指一端的控制点，可以改变对象渐变透明的方向。

07 选择"文件"|"导入"命令，在弹出的对话框中选择要导入随书所附光盘中的文件"第6课\6.3.6 实战演练：音乐主题图形设计-素材.cdr"，单击"确定"按钮，此时光标出现如图6.38所示的状态，在绘图纸上单击将其导入，并调整到绘图纸右侧，得到如图6.39所示的效果。

图6.37 交互式透明状态

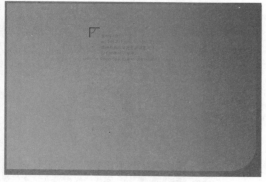

图6.38 光标状态

08 选择椭圆形工具 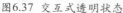，按住Ctrl键在喷溅图形上，绘制一个正圆，设置对象大小为80 mm×80 mm，并单击"调色板"的黑色色块，将其内部设置为黑色，右击"调色板"的无填充色块，将轮廓设置为无填充，得到如图6.40所示的效果。

图6.39 导入素材图形

图6.40 绘制正圆

09 按小键盘"＋"键复制一个黑色正圆，并设置对象大小为62.8 mm×62.8 mm，选择"窗口"|"泊坞窗"|"对象属性"命令，弹出"对象属性"泊坞窗，设置其填充色的颜色值如图6.41所示，得到如图6.42所示的效果。

图6.41 "颜色"泊坞窗

图6.42 填充颜色

10 选择选择工具 ▣，按住Shift键选中刚刚绘制的两个正圆，并在"属性栏"上单击"相交"按钮 ▣，在两个正圆相重叠的地方得到一个新的正圆，并单击"调色板"的白色色块，将其内部设置为白色。

11 在"属性栏"上设置对象大小为49.6mm×49.6 mm，按Ctrl+PgUp键向前一层，得到如图6.43所示的效果。

12 按小键盘"＋"键复制出一个白色正圆，并更改对象大小为35.4 mm×35.4 mm，然后按照第9步中的方法修改圆形的颜色，得到如图6.44所示的效果。

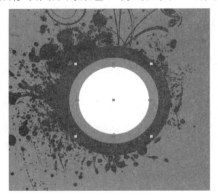

图6.43 相交后的圆

图6.44 填充颜色

13 制作相交正圆，更改对象大小为25.3 mm×25.3 mm，并单击"调色板"的黑色色块，将其内部设置为黑色，得到如图6.45所示的效果。

14 按小键盘"＋"键复制一个黑色正圆，更改对象大小为13 mm×13 mm，然后按照第9步中的方法修改圆形的颜色，得到如图6.46所示的效果。

图6.45 制作相交正圆

图6.46 填充颜色

15 下面结合椭圆形工具 、"相交"按钮 ，变换等操作，制作喷溅周围的螺旋图形，直至得到如图6.47所示的效果。图6.48所示是在作品上添加了一些装饰图形及文字后的最终效果，读者可尝试制作。

图6.47 制作喷溅周围的螺旋图形

图6.48 最终整体效果

6.4 合并与拆分对象

利用"合并"命令可以将多个对象合并为一个整体，原始对象若是彼此重叠，重叠区域被移除，并以剪贴洞的形式存在，其下面的对象不被掩盖。也可以将合并后的对象打散为多个对象，并保持在空间上的分离。下面讲解其操作方法。

6.4.1 合并对象

合并对象是指将两个或两个以上的对象作为一个整体进行编辑，同时轮廓又保持相对的独立，合并后的对象以最后选取对象的属性为合并后对象的属性，对象相交部分以反白显示。

要合并对象，可以使用选择工具 将对象选中，然后执行下列操作之一：

★ 单击"属性栏"上的合并按钮 。

★ 选择选择"排列"｜"合并"命令。

以图6.49所示的图形为例，当选中所有的人物图形时，结合后得到如图6.50所示的效果。

图6.49 素材图像

图6.50 结合后的效果

6.4.2 拆分对象

利用"拆分曲线"命令可以将一个组合对象拆分成多个组件。原则上所有使用"合并"命令创建的任何对象都可以打散。打散后对象保持合并对象的属性，但对象相交部分不再以反白显示。

要拆分对象，可执行下列操作之一：

★　单击"属性栏"上的拆分按钮。

★　选择选择"排列"|"拆分曲线"命令。

图6.51所示是将上面合并后的图形进行拆分后的效果。

图6.51　打散后的效果

6.5　修饰图形

6.5.1　橡皮擦工具

当绘制图形时，有时希望将多余的图形对象擦除掉。CorelDRAW提供了橡皮擦工具，满足擦除图形的需求，其"属性栏"如图6.52所示。

图6.52　橡皮擦工具的"属性栏"

使用橡皮擦工具的具体操作步骤如下：

01　在绘图区中绘制或导入一个图形对象，如图6.53所示。

图6.53　导入的图形对象

02　单击工具箱中的形状工具右下角的小黑色

三角形，在弹出的隐藏工具中单击橡皮擦工具。

03　在其"属性栏"中的"橡皮擦厚度"数值框中设置好橡皮擦的厚度，单击圆形/方形按钮可以设置橡皮擦为圆形或方形。

04　设置好后回到图形上直接擦除即可。如果希望使用不同角度的直线进行操作，可以使用"单击-单击"的方式进行擦除操作。得到如图6.54所示的效果。

图6.54　使用"橡皮擦工具"擦除后的效果

> **提示：**
> 当遇到组合图形时，先解除组合后才能对其执行擦除操作。

此工具不仅能够擦除矢量图形，对位图也能够进行擦除操作。

6.5.2 涂抹笔刷工具

涂抹笔刷工具也可以对形状进行编辑，用于创建一种随意的外轮廓效果，其"属性栏"如图6.55所示。

图6.55 涂抹笔刷工具的"属性栏"

使用涂抹笔刷的具体操作步骤如下：

01 导入一个图形对象，使用选择工具选择需要进行涂抹的对象。单击工具箱中的形状工具右下角的小黑色三角形，在弹出的隐藏工具中单击涂抹笔刷工具。

02 此时鼠标变为一个类似椭圆的形状，在其"属性栏"中设置"笔尖大小"、"笔压"、"角度"和"笔方位"等，设置好后移至要涂抹的对象上单击并拖动鼠标，即可得到相应的效果。

例如图6.56所示为原图像，图6.57所示是使用此工具设置适当的参数后，绘制得到的效果。

图6.56 原图像

图6.57 涂抹后的效果

6.5.3 涂抹工具

涂抹工具是CorelDRAW X6中新增的功能，使用它可以对选中的图形进行变形处理。其"属性栏"如图6.58所示。

图6.58 涂抹工具的"属性栏"

涂抹工具"属性栏"上的参数解释如下：

★ 笔尖半径：此值设置涂抹的笔尖大小，数值越大，则笔尖也越大。

★ 压力：此数值可以控制每次涂抹时的变形程度。

★ 笔压按钮：选中此按钮，可以根据绘图笔或写字板的压力，来判断涂抹时的变形强度。

★ 平滑涂抹按钮：选中此按钮，进行平滑的涂抹处理，适合柔和的变形处理。

★ 尖状涂抹按钮：选中此按钮，可以涂抹得到尖角图形效果。

以图6.59所示的人物图形为例，图6.60所示是手臂进行涂抹后的效果。

图6.59 选中的人物图形　　图6.60 涂抹后的效果

6.5.4 转动工具

转动工具是CorelDRAW X6中新增的功能，使用它可以对选中的图形进行旋转式的变形处理，用户将光标置于要变形的对象上，然后按住鼠标左键即可。其"属性栏"如图6.61所示。

图6.61 转动工具的"属性栏"

转动工具 ❂ "属性栏"的参数解释如下：

★ 速度：此数值可以控制每次转动的变形速度。

★ 逆时针转动按钮 ↻：选中此按钮，可进行逆时针的转动处理。

★ 顺时针转动按钮 ↺：选中此按钮，可进行顺时针的转动处理。

6.5.5 实战演练：螺旋图形设计

本例主要是利用转动工具制作得到螺旋状的图形效果，其操作步骤如下：

01 打开随书所附光盘中的文件"第6课\6.5.5 实战演练：螺旋图形设计-素材.cdr"，如图6.62所示。

图6.62 素材文件

02 选择椭圆形工具 ⬭，按住Ctrl键绘制一个正圆形，并暂时将其轮廓色设置为无，填充色为黑色，然后置于如图6.63所示的位置。

图6.63 绘制图形

03 选中上一步绘制的正圆，在"对象属性"泊坞窗中设置其填充属性，如图6.64所示，得到如图6.65所示的效果。其中所使用的颜色

分别为#B813B1和#E41F79。

图6.64 设置填充属性　　图6.65 设置填充后的效果

04 选中上一步设置了渐变填充后的圆形，按小键盘上的+键进行原位复制多次，调整其大小并修改渐变填充属性，直至得到类似如图6.66所示的效果。

图6.66 制作其他的圆形

05 选择贝塞尔工具 ✎，绘制一个弯曲的图形，并按照第3步的方法，为其设置渐变填充，得到如图6.67所示的效果。

图6.67 绘制弯曲的图形

06 选中上一步绘制的图形，选择转动工具 ❂，在"属性栏"中设置其参数，如图6.68所示，然后将光标置于图形内部的位置，如图6.69所示。

图6.68 设置转动参数

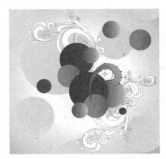

图6.69 摆放光标位置

07 按住鼠标左键一定时间，直到旋转得到满意的结果，如图6.70所示。

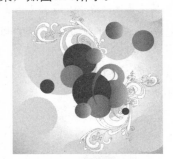

图6.70 转动后的效果

08 适当调小笔尖半径，然后再次进行转动处理，如图6.71所示。

图6.71 再次转动后的效果

09 绘制其他的图形，为其设置不同的填充色并使用转动工具 ◎ 进行处理，直至得到类似如图6.72所示的效果。

图6.72 制作其他图形后的效果

10 选中背景圆形以外的所有图形，按小键盘上

的+键进行原位复制，然后单击"属性栏"上的水平镜像和垂直镜像按钮 ，再使用选择工具 将其移至左下方的位置，如图6.73所示。

图6.73 复制图形

11 在画布中间位置绘制一个白色正圆，如图6.74所示。

图6.74 绘制白色正圆

12 选中上一步绘制的白色正圆，选择透明度工具 ，在其"属性栏"上设置参数，如图6.75所示，得到如图6.76所示的半透明效果。

图6.75 设置透明度参数

图6.76 设置透明度后的效果

13 选中白色圆形，按小键盘上的+键进行原位复制，按住Shift键进行缩小操作，再修改其透明属性为40。按照同样的方法，再复

制并缩小一个更小的圆形，将其透明属性设置为0，得到如图6.77所示的效果。如图6.78所示是在白色圆形输入文字后的最终效果。

以图6.80所示的图形为素材，图6.81和图6.82所示分别为使用吸引工具和排斥工具时得到的效果。

图6.77 制作其他的圆形

图6.80 素材图形

图6.78 最终效果

图6.81 吸引后的效果

6.5.6 吸引与排斥工具

吸引工具和排斥工具是CorelDRAW X6中新增的功能，使用它们可以通过对节点进行吸引或排斥，来改变对象的形状。两个工具的"属性栏"参数完全相同，如图6.79所示。

图6.79 排斥工具的"属性栏"

图6.82 排斥后的效果

6.6 图形设计综合实例：喷溅主题图形视觉表现

本例主要是利用复制与粘贴对象、编辑与管理对象以及对象的运算等功能，制作一个喷溅主题图形视觉表现作品，其操作步骤如下：

01 按Ctrl+N快捷键新建一个文件，设置其宽度和高度分别为162mm和132mm，其他参数默认即可。

02 双击矩形工具创建一个画布等大的矩形，设置其轮廓色为无，然后在"对象属性"泊坞窗中设置其填充色，如图6.83所示，得到如图6.84所示的效果。

图6.83 设置填充属性

图6.84 设置渐变后的效果

03 选择复杂星形工具，再将光标置于画布的右上角位置，按住Shift键进行绘制，然后在"属性栏"中设置其参数，如图6.85所示，再在"对象属性"泊坞窗中设置其填充色，如图6.86所示。图6.87所示是显示全部对象时的状态，图6.88所示是在画布中的效果。

图6.85 设置星形参数

图6.86 设置填充属性

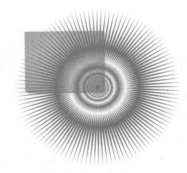

图6.87 绘制星形后的效果

04 打开随书所附光盘中的文件"第6课\6.6 图形设计综合实例：喷溅主题图形视觉表现-素材1.cdr"，按Ctrl+A快捷键进行全选，按Ctrl+C快捷键进行复制，然后返回本例第1步新建的文件中，按Ctrl+V快捷键进行粘贴，并适当调整其位置及大小，如图6.89所示。

图6.88 局部效果

图6.89 摆放图像位置

05 选中上一步粘贴进来的素材图形，在"对象属性"泊坞窗中设置其填充与复杂星形相同，得到如图6.90所示的效果。

06 选择椭圆形工具⬚，以画布的右上角附近为中心，按住Shift键绘制一个正圆，设置其轮廓色为无，填充色为纯红色，如图6.91所示。

图6.90 设置颜色后的效果 　　　　图6.91 绘制图形

下面将对圆形路径进行运算处理，为了便于观看，将圆形移至白色的画布上进行编辑。

07 选择椭圆形工具⬚在红色圆形左上方绘制一些大小不一的圆形，如图6.92所示。

08 选中上一步绘制的所有圆形，单击"属性栏"中的"合并"按钮⬚，将它们运算为一个图形。

09 选中上一步合并后的图形，再按住Shift键选中红色圆形，然后单击"属性栏"中的"移除前面对象"按钮⬚，得到如图6.93所示的效果。

图6.92 绘制圆形 　　　　图6.93 运算后的效果

10 打开随书所附光盘中的文件"第6课\6.6 图形设计综合实例：喷溅主题图形视觉表现-素材2.cdr"，如图6.94所示，分别将其中的图形选中，粘贴至本例第1步新建的文档中，并适当调整其大小及位置，如图6.95所示。

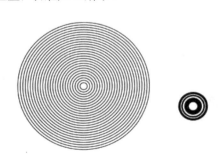

图6.94 素材图形 　　　　图6.95 摆放图形位置

11 分别选中各个图形与圆形，进行"移除前面对象"运算，得到如图6.96所示的效果。

12 选中喷溅图形，对其进行适当的旋转及缩放处理，置于圆形的右上方位置，如图6.97所示。

图6.96 运算后的效果

图6.97 摆放图形位置

13 进行"移除前面对象"运算处理，得到如图6.98所示的效果。如图6.99所示是将处理后的圆形置于画布右下方后的效果。

图6.98 运算后的效果

图6.99 整体效果

14 打开随书所附光盘中的文件"第6课\6.6 图形设计综合实例：喷溅主题图形视觉表现-素材3.cdr"，如图6.100所示，将其粘贴至本例第1步新建的文档中，适当调整其大小、位置，并设置其填充色为红色，得到如图6.101所示的效果。

图6.100 素材图形

图6.101 添加图形后的效果

15 按照上述方法，继续制作其他层次的图形，直至得到类似如图6.102所示的效果。

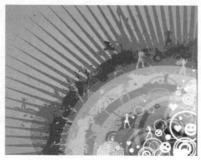

图6.102 最终效果

6.7 学习总结

在本课中，主要讲解了对图形进行各类修饰处理的知识。通过本课的学习，读者应能够掌握选择、编辑、转换节点等基础操作，同时，对于较常用的对象运算、合并与拆分对象以及图形修饰等功能，也应该达到较为熟悉的掌握。

6.8 练习题

一、选择题

1. 对两个不相邻的图形执行合并运算模式，结果是_____。
   A. 两个图形对齐后结合为一个图形　　　　B. 两个图形原位置不变结合为一个图形
   C. 没反应　　　　　　　　　　　　　　　D. 两个图形成为群组

2. 利用_____命令可以将一个组合对象拆分成多个组件。
   A. 拆分　　　　　　　B. 打散　　　　　　C. 合并　　　　　　D. 取消群组

3. 在CorelDRAW中，可使用的图形运算功能是_____。
   A. 简化　　　　　　　B. 修剪　　　　　　C. 相交　　　　　　D. 移除前面对象

4. 将多个图形合并在一起后，图形的填充和轮廓属性将_____。
   A. 采用位于最上层对象的填充和轮廓
   B. 采用位于最下层对象的填充和轮廓
   C. 采用最后一个被选定对象的填充和轮廓
   D. 采用第一个被选定对象的填充和轮廓

二、填空题

1. 要手绘圈选多个节点，可以在形状工具 的"属性栏"选择_____模式，然后围绕要选择的节点进行拖动。

2. _____运算模式可以将几个不同对象的重叠部分进行合并，创建一个新的对象。

3. 使用_____工具可以将对象上不需要的部分擦除。

三、上机题

1. 打开随书所附光盘中的文件"第6课\6.8 题1-素材.cdr"，如图6.103所示，结合本课讲解的功能，制作得到如图6.104所示的效果。

图6.103 素材图像

图6.104 处理后的效果

2. 打开随书所附光盘中的文件"第6课\6.8 题2-素材.cdr",如图6.105所示,结合到此为止学习到的绘图及编辑图形功能,制作得到类似如图6.106所示的效果。

图6.105 素材图像　　　　　　　　　　　　图6.106 绘制得到的效果

3. 打开随书所附光盘中的文件"第6课\6.8 题3-素材.cdr",如图6.107所示,结合其中左侧的位图图像与右侧的人物图形,制作得到如图6.108所示的效果。

图6.107 素材图像　　　　　　　　　　　　图6.108 处理后的效果

第7课
UI设计：编辑对象

在本课中，将讲解CorelDRAW中对象的一些基本操作，如最基本的选择、移动、复制、调整顺序、锁定与解锁、群组与取消群组等，还有更为高级的变换、对齐/分布、裁剪、查找/替换对象等功能，值得一提的是，本课的内容并非只针对图形进行处理，它们可以针对所有CorelDRAW中的对象进行处理。

7.1 UI设计概述

7.1.1 UI设计的概念

UI设计又称为界面设计。在我们的日常生活中，越来越多地需要面对机器以及各种系统，从随身携带的手机到工作中密不可分的计算机，甚至计算机上的各种软件、网页等，这些能够看到的、接触到的，就是我们所说的界面。每一天，我们都会接触到十种以上各种各样的界面。我们每天对自己身边工具（如计算机、手机）的使用，事实上就是对界面的操作。实际上，大部分人并不需要清楚这些工具的工作原理，也不需要了解它的内部结构，只需要了解并且能够熟练操作它的界面就已经足够了。

而使用这些工具时，会希望看到更加精致小巧的图标，更加符合我们需求的功能按钮的分布，更赏心悦目的屏幕。因为这样的界面不仅仅可以满足我们的视觉享受，更加重要的是其简洁合理的设计，可以让我们在使用的时候更加得心应手，甚至是大幅度的提高工作效率。

为了使用户在与机器的接触过程中更加轻松，使产品的使用界面更加人性化与个性化，就成为厂商致力解决的问题，并由此衍生出一门全新的设计学科，即界面设计。

这一个新兴的设计领域，已经成为众多厂商关注的战略高地，而作为一个设计师，首先要掌握界面设计的一些原则，以及界面设计中视觉表现方面可能需要处理的技术问题。

如图7.1所示为一些优秀的界面设计作品。

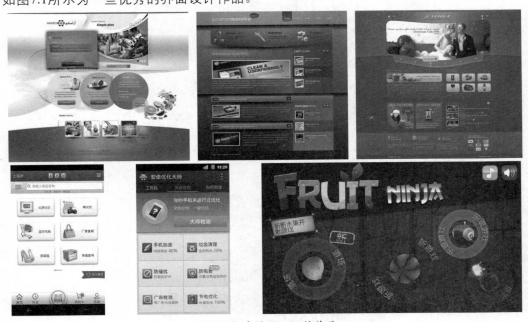

图7.1 优秀的界面设计作品

7.1.2 界面设计的三大组成部分及设计技巧

界面设计由结构设计、交互设计、视觉设计三个部分构成，每一个部分都具有不同的目的与设计技巧，下面分别进行讲解。

结构设计也称概念设计，是界面设计的骨架，即通过对操作者进行研究，制定出产品的整体架构。

交互设计的目的是使产品让操作者能简单使用，任何产品功能的实现，都是通过人和机器的交互来完成的。因此，人的因素应作为设计的核心被体现出来，下面是一些在交互设计方面的技巧：

★　界面应该有清楚的错误提示，在操作者误操作后，产品能够提供有针对性的提示。

★　让操作者方便地控制界面，给不同层次的操作者提供多种可能性。

★　同一种功能，同时可以用鼠标和键盘完成。

★　使用操作者易懂的语言，而非专业的技术性语言。

★　无论在什么位置，都能够方便地退出，而且要考虑是按一个键完全退出，还是一层一层地次级式退出。

★　优秀的导航功能和随时转移功能，很容易从一个功能跳到另外一个功能。

★　让操作者知道自己当前的位置，方便其做出下一步行动。

好的界面能够帮助我们更好地入门一种软件或者一款游戏，同时还能够使操作更为便捷。这些都与界面设计中的交互设计相关。例如智能手机中的各种APP应用，其各种功能指令均是由触摸或单击来完成，因此就要求其交互设计符合人们的日常使用习惯，易于使用。如图7.2所示展示了一款手机APP应用的各页面UI设计方案。

图7.2　手机应用UI设计

在结构设计的基础上，参照目标群体的心理特征将结构设计与交互设计表现成为具体的可控制元素的设计，就是视觉设计，包括界面整体色彩方案、界面所使用的文字的字体、界面各个元素的排放等，下面是一些视觉设计方面的技巧：

★　界面应该清晰明了，最好允许操作者定制界面的颜色或字体等元素。

★　提供默认、撤销、恢复的功能。

★　提供界面的快捷方式。

★　完善视觉的清晰度。图片、文字的布局和隐喻不要让操作者去猜。

★　界面的布局协调一致。例如，一个界面左侧的按钮为"肯定"，右侧为"否定"，在其他界面也应该按此方式排列。

★　整个界面不超过5种色系。

7.2　选择对象

在CorelDRAW中对所有对象的操作都必须遵循这样一个规则：先选择再操作。所以选择对象是十分重要的操作之一，无论你做任何操作，选择是前提。

图形对象处于选择状态时，其中心便会显示一个X标记，并且其周围出现8个黑方块，称为"选定手柄"，如图7.3所示。

图7.3 被选择的图形对象

7.2.1 使用选择工具选择对象

使用选择工具進行选择是最为快捷和方便的选择方式，其使用方法十分简单，只要在工具箱中单击选择工具，并移动鼠标至目标对象上单击，即可选中单击的单个对象或单个群组对象。

使用选择工具也可以选择多个对象或多个群组对象，具体操作步骤如下所述：

01 启动CorelDRAW，绘制或导入一幅图形对象。

02 单击工具箱中的选择工具，移动鼠标至对象上单击即可将对象选中。

03 按住Shift键单击其他需要加选的对象，直至完成选择，松开Shift键，其效果如图7.4和图7.5所示，被选中的对象周围出现8个选定手柄。

图7.4 选中人物及礼盒对象

图7.5 加选下面的心形图像

> **技巧：**
>
> 可以利用选择工具拖出矩形框来框选多个对象，被拖出的矩形框全部框入的所有对象都将被选中，部分框入的对象将不被选择。

使用选择工具既可以选择对象，也可以对对象执行调整大小操作，要完成这一操作，只需要拖动被选择对象周围显示的"选定手柄"即可。

7.2.2 使用子菜单命令选择对象

选择"编辑"|"全选"命令下的各子菜单命令，可以一次性选择当前工作页面上的所有对象、文本或辅助线，也可以选择当前图形中的所有节点，具体选择哪一个命令可以根据不同的需要，下面分别讲解各个子菜单命令。

全选对象

全选对象是指选择当前绘图页面中所有的文本和图形对象，但不包括图形对象中的辅助线。

选择"编辑"|"全选"|"对象"命令，此时工作区中的所有图形对象、文本对象都将被选取。

技巧：

通过双击工具箱中的选择工具也可以选择所有对象。

全选文本

全选文本是指选择所有的段落文本和美术字。

选择"编辑"|"全选"|"文本"命令，即可选择所有的文本对象。

全选辅助线

全选辅助线是指选择当前绘图页面中所有的辅助线。选择"编辑"|"全选"|"辅助线"命令，即可选择所有的辅助线。

全选节点

全选节点是指选择当前绘图页面中图形对象上所有的节点。

选择"编辑"|"全选"|"节点"命令，即可选择当前页面中的所有图形对象上的节点，如图7.6所示被选中的节点均以实心点显示。

图7.6 全选节点状态

7.3 移动对象

在使用选择工具的情况下，可以直接按住鼠标左键拖动对象，以改变其位置，若想精确调整其位置，可以在其"属性栏"中设置参数。

如果要执行更多移动对象的操作，则需要使用"变换"泊坞窗，在选中对象的情况下，"变换"泊坞窗的状态如图7.7所示。

下面来分别介绍一下此泊坞窗中的参数含义：

★ x（水平）：代表当前对象在水平方向上的坐标位置，输入新数值即可改变对象的位置。

★ y（垂直）：代表当前对象在垂直方向上的坐标位置，输入新数值即可改变对象的位置。

★ 相对位置：选中该选项后，则x和y数值将归为0，此时在其中输入数值即代表要在水平或垂直方向上移动的距离。

以图7.8所示的泊坞窗为例，其中的数值代表了当前选中对象的位置，如果要将该对

图7.7 "变换"泊坞窗

象移至x=400mm和y=400mm的位置，可以按照如图7.9所示设置数值。要将对象在水平和垂直方向上移动30mm时，选中下面的"相对位置"选项，然后在x和y输入框中输入30即可，如图7.10所示。

图7.8 "变换"泊坞窗初始状态

图7.9 输入绝对数值

图7.10 输入相对数值

7.4 复制对象

复制对象是我们经常用到的基本操作之一，下面来讲解一些常用的操作方法。

7.4.1 使用菜单命令复制对象

复制和粘贴对象的具体操作步骤如下所述。

01 在绘图区中绘制或导入图形对象。单击工具箱中的选择工具 并选择需要复制的对象，该对象被选择后其周围将出现表示对象被选取的选定手柄。

02 选择"编辑"|"复制"命令或按快捷键Ctrl+C执行"复制"操作，也可以选择"编辑"|"剪切"命令或按快捷键Ctrl+X执行"剪切"操作，此时系统会将选择对象的副件放到剪贴板上。

03 选择"编辑"|"粘贴"命令或按快捷键Ctrl+V执行"粘贴"操作，即可把剪贴板上的对象粘贴到绘图窗口中，然后可以使用选择工具 拖动粘贴的对象以调整其位置。

7.4.2 使用鼠标快速复制对象

要通过单击鼠标来快速复制对象，先选中要复制的对象，然后按住鼠标左键不放拖动对象至合适位置，在按住左键的同时，执行下列操作之一：

★ 单击鼠标右键。

★ 按下键盘上的空格键。

然后释放鼠标左键即可得到一个复制的对象。

另外，我们也可以使用鼠标右键拖动对象，在目标位置释放右键时，在弹出的对话框中选择"复制"命令也可以达到复制对象的目的。

7.4.3 使用快捷键复制对象

在选中对象的情况下，按小键盘上的+键，即可在原位置得到复制对象。

7.5 再制对象

再制对象即将绘制好的图形对象再次复制一个或多个，此操作在CorelDRAW应用中使用较多，需注意执行再制对象命令时必须先选择需再制的对象。

7.5.1 使用默认属性再制对象

在CorelDRAW中，选中一个对象后，直接按Ctrl+D快捷键即可使用默认的偏移数值对对象进行再制，以图7.11所示的原图像为例，图7.12所示是选中其中的图形后，连续再制多次后的效果。

图7.11 原图像

图7.12 连续再制多次后的效果

> **提示：**
> 第1次使用"再制"命令时，将弹出的对话框，可以自定义每次再制时偏移的数值。

7.5.2 自定义偏移值

通常情况下CorelDRAW按默认数值偏移再制生成的对象，但可以通过下面的方法自定义偏移值。

01 单击工具箱中的选择工具 ，用鼠标单击绘图窗口中的空白区域，确保已取消对所有对象的选择。

02 在"属性栏"中的再制距离数值框 5.0 mm 5.0 mm 中输入水平和垂直距离的偏移值，按回车键确认即可。

> **注意：**
> 对象的颜色改变将不会影响再制角度、位置、大小，但是再制出来的对象将以改变颜色后的对象为准。

7.5.3 依据上次变换操作再制对象

除了通过设置软件默认的偏移参数来再制对象外，CorelDRAW还提供了一种再制方法，以帮助我们制作有规律的图形，其基本操作方法如下所述：

01 选中要再制的对象，按小键盘上的+键复制当前对象。

02 对复制得到的对象属性进行修改，如位置、角度、大小等，但中间不要穿插再制功能不支持的操作，如调色、应用特殊效果等。

03 按Ctrl+D快捷键再制对象。此时可以重复第2步所做的全部操作，从而制作得到有规律的图形效果。

> **提示：**
> 在再制对象期间，如若对对象进行其他操作，将不能再制前一个对象的操作属性。

下面来通过一个简单的实例，讲解此功能的应用方法。

01 打开随书所附光盘中的文件"第7课\7.5.3依据上次变换操作再制对象-素材.cdr"，如图7.13所示。

图7.13 素材图形

02 使用贝塞尔工具绘制如图7.14所示的形状。

图7.14 绘制形状

03 在选中的状态下，再次单击，将控制中心点移动到如图7.15所示的位置。

图7.15 调整控制中心点位置

04 按小键盘上的+键原位复制出一个形状，在"属性栏"中设置旋转角度为15°，得到如图7.16所示的效果。

图7.16 旋转后的效果

05 按Ctrl+D快捷键应用"再制"命令多次，直至得到如图7.17所示的效果。

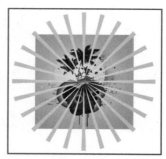

图7.17 复制得到多个图形

06 使用选择工具选中刚刚复制得到的所有图形，按Ctrl+G快捷键进行群组，然后按Shift+PgDn键将其移至最底层，然后再按Ctrl+PgUp键将其上移一层，得到如图7.18所示的效果。

图7.18 调整图形顺序

07 使用选择工具选中刚刚复制得到的所有图形，选择"效果"|"图框精确剪裁"|"放置在容器中"命令，将所有的图形置入背景矩形中，得到如图7.19所示的最终效果。

图7.19 最终效果

▌7.5.4 实战演练：质量监管系统登录界面设计

本例主要是利用再制功能，设计软件界面中的按钮元素，其操作步骤如下：

01 打开随书所附光盘中的文件"第7课\7.5.4

实战演练：质量监管系统登录界面设计-素材1.cdr"，如图7.20所示。

图7.20 打开素材图像

02 按Ctrl+I快捷键，在弹出的对话框中打开随书所附光盘中的文件"第7课\8.5.4 实战演练：质量监管系统登录界面设计-素材2.psd"，然后将其置于右侧空白区域的左上方，如图7.21所示。

图7.21 摆放矩形图像的位置

03 选中上一步导入的图像，按小键盘上的+键进行原位复制，然后向下移动，如图7.22所示。

图7.22 向下复制图像

04 选择透明度工具，在"属性栏"中设置透明度类型为"线性"，然后调整透明度编辑器，如图7.23所示，从而制作得到倒影效果。

图7.23 制作透明效果

05 选中矩形图形及其倒影，按Ctrl+G快捷键进

行编组，按小键盘上的+键进行原位复制，然后向右侧移动，如图7.24所示。

图7.24 向右侧复制图像

06 按Ctrl+D快捷键执行再制操作，得到如图7.25所示的效果。

图7.25 再制操作

07 选中当前复制得到的3个矩形图像及其倒影，按照第5～6步的方法向下复制3次，得到如图7.26所示的效果。

图7.26 复制得到多个图像

08 下面来为矩形图像添加文字。用户可以先在左上方的矩形图像上输入文字，如图7.27所示，然后按照第5～7步的方法，向右侧及下方复制文字，如图7.28所示。最后修改其中的具体文字内容即可，如图7.29所示。

图7.27 输入文字

图7.28 复制文字

图7.29 最终效果

7.6 调整对象顺序

　　一个CorelDRAW 图形是由一系列互相堆叠的图形对象组成的，这些对象的排列顺序决定了图形的外观。所有对象的堆叠顺序是由对象被添加到绘图中的先后次序决定，先绘制的对象在下层，而后绘制的对象将位于上层。

提示：

　　这里所说的上层与下层，并非指图层的上下，在下面的讲解过程中，如无特殊说明，所讲解的调整对象顺序操作，都是指在同一图层中。

　　可以根据需要使用"排序"命令调整这些对象的层次，即将一个对象移动到最上或最下，也可以将某个对象放到指定对象的上面或下面。

　　要排序对象，使用选择工具 选择需要调整顺序的对象，选择"排列"|"顺序"子菜单中的命令，或在对象上单击右键，在弹出的菜单中选择"顺序"子菜单中的命令，如图7.30所示，或按下与命令对应的快捷键，即可以得到相应的排列效果，这是最常见的一种调序方法。

图7.30 "顺序"子菜单中的命令

提示：

　　在上面所示的快捷键中，"主页"是指home键；"结束"是指end键；"位移"是指Shift键。

　　下面分别介绍这些命令，为了便于理解，我们将使用图7.31所示的对象进行讲解。

图7.31 素材图像及对应的"对象管理器"泊坞窗

★　向前一层：可以将选择的物品从当前位置向前移动一个位置，如图7.32所示是使用此命令2次后，将物品移至中间人物上方后的状态。

图7.32 向前移动2层

★　向后一层：可以将选择的中间人物从当前位置向后移动2个位置，如图7.33所示。可以看出，人物的手已经被模特挡住。

图7.33　向后一层

★ 到图层前面：可以将选择的对象从当前位置移动到本图层的最前面，在此选中背景中的橙色花纹应用此命令。

★ 到图层后面：可以将选择的对象从当前位置移动到本图层的最后位置，由于最下方是背景，因此人物被其挡住，变得完全的消失不见。

★ 到页面前面：在当前页面中存在多个图层的情况下，选择此命令可以将选中的对象，移至此页面中顶部图层的最上方。以图7.34所示的"对象管理器"泊坞窗为例，应用此命令后，默认情况下将弹出如图7.35所示的对话框，单击"确定"按钮即可，此时的"对象管理器"泊坞窗如图7.36所示。

图7.34　"对象管理器"泊坞窗

图7.35　提示框

图7.36　调整顺序后的状态

★ 到页面后面：在当前页面中存在多个图层的情况下，选择此命令可以将选中的对象，移至此页面中底部图层的最下方。

★ 置于此对象前：选择此命令后，光标变为➡状态，指定一个对象后，可以将选择的对象放置在该指定对象的前面。

★ 置于此对象后：选择此命令后，光标变为➡状态，指定一个对象后，可以将选择的对象放置在该指定对象的后面。

★ 逆序：在选中两个以上的对象时，此命令将变为可用状态。应用此命令后，可以按照完全相反的顺序进行排列。

提示：

对于单个对象或者一次选择了多个对象，其排序的方法是一样的，在排序时选择的多个对象的内部顺序并不发生变化。"逆序"仅应用于选中的对象，绘图中的其他对象不受影响。

7.7 锁定与解锁对象

控制对象即对对象进行一些特定的控制，如锁定对象、解除对象锁定等操作。通过控制对象的操作，可以更加有效地进行其他的绘图操作。

7.7.1 锁定对象

在CorelDRAW中绘图时，为了防止对某些对象的误操作，可以在绘图页面上锁定这些对象，既可锁定单个对象，也可锁定多个对象或群组后的对象。对象被锁定后，无法对其执行任何修改，包括移动、大小调整、变换、复制、填充等操作。

选中要锁定的对象后，执行下列操作之一，可以将其锁定。

★ 选择"排列"|"锁定对象"命令。

★ 在选中的对象上右击，在弹出的右键菜单中选择"锁定对象"命令。

★ 单击"属性栏"中的"锁定"按钮🔒。

如图7.37所示是选中的对象，如图7.38所示是将其锁定后的状态，原来的各个控制句柄已经变为锁形，在取消对象的锁定前，将无法再对其做除解锁定外的编辑操作。

图7.37 选中对象

图7.38 锁定对象

7.7.2 解除对象的锁定

解除对象的锁定即把已经锁定的单个对象、多个对象或对象群组进行解除锁定操作。

执行下列操作之一，可以解除对象的锁定状态。

★ 在锁定对象的边缘单击，选中该对象，然后选择"排列"|"解除锁定对象"命令。

★ 在锁定对象的边缘单击，选中该对象，然后右击，在弹出的右键菜单中选择"解除锁定对象"命令。

★ 在锁定对象上右击，在弹出的右键菜单中选择"解除锁定对象"命令。

★ 选择"排列"|"解除锁定全部对象"命令，可以取消所有对象的锁定状态。

7.8 群组与取消群组

利用"群组"命令可以将对象作为一个整体来处理，即建立群组。利用群组可以保护对象间的连接和空间关系，如可以将组成一个绘图的背景及框架的所有对象建立一个群组，移动它们时彼此的连接和空间关系并不改变。群组后的对象也可以很容易地取消群组，回到初始状态。

群组对象

要群组对象，可以使用选择工具⬚选中要群组的对象，然后执行下列操作之一：

★ 按Ctrl+G快捷键。

★ 单击"属性栏"上的群组按钮⬚。

★ 单击鼠标右键在弹出的菜单中选择"群组对象"命令。

★ 选择"排列"|"群组"命令。

如图7.39所示，是选中人物图形时的"对象管理器"状态，如图7.40所示是群组后的效果。

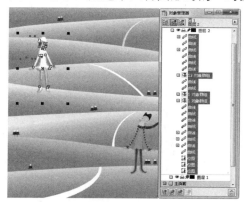

图7.39 群组前的状态

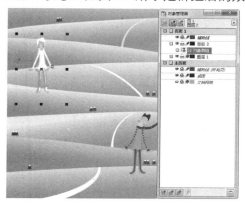

图7.40 群组后的效果

取消对象群组

要取消对象的群组，可以执行下列操作之一：

★ 按Ctrl+U快捷键。

★ 单击"属性栏"上的取消群组按钮⬚。

★ 单击鼠标右键在弹出的菜单中选择"取消群组"命令。

★ 选择"排列"|"取消群组"命令。

如果选中的对象中包括多个群组，可以执行下列操作之一：

★ 单击"属性栏"上的取消全部群组按钮⬚。

★ 单击鼠标右键在弹出的菜单中选择"取消全部群组"命令。

★ 选择"排列"|"取消全部群组"命令。

7.9 变换对象

7.9.1 了解"变换"泊坞窗

除了使用选择工具⬚直接对对象进行变换处理外，我们可以通过其专用的泊坞窗，进行更精确的变换处理，选择"窗口"|"泊坞窗"|"变换"子菜单中的任意一个命令，即可调出类似如图7.41所示的泊坞窗。

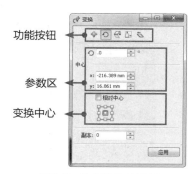

图7.41 "变换"泊坞窗

下面介绍"变换"泊坞窗的组成及功能。

★ 功能按钮：在此处可以选择要执行的具体变换操作，从左至右分别为位置、旋转、缩放和镜像、大小、倾斜，选择不同的按钮，可以调出不同的参数进行设置。

★ 参数区：在选择不同的功能按钮时，此处的参数也各有不同。

★ 变换中心：此处可以设置在变换时的控制中心点，以便于更精确的进行变换控制。

★ 副本：在此处设置数值，可以决定最终生成的副本数量。

★ 应用：单击此按钮即直接应用所设置的变换参数。

下面来详细讲解使用鼠标、"属性栏"及"变换"泊坞窗进行变换处理的操作方法。

7.9.2 缩放对象

按比例缩放并镜像对象

镜像对象就是将对象在水平或垂直方向上执行翻转，镜像对象最简单的方法就是通过"属性栏"中的水平镜像按钮或垂直镜像按钮来实现。如图7.42所示为原图像，如图7.43所示为选中下面的图像进行垂直镜像，并调整其位置后的效果，如图7.44所示是应用透明后的效果。

图7.42 素材图像　图7.43 垂直镜像并调整位置

图7.44 应用透明后的效果

如果要按比例改变对象的大小，可以使用选择工具选中对象，并在其"属性栏"中设置参数。如果要执行更多按比例缩放对象及镜像对象的操作，则需要使用"变换"泊坞窗，在选中缩放并镜像按钮后，其状态如图7.45所示。

图7.45 "变换"泊坞窗

在未选中"按比例"选项的情况下，可以分别设置"水平"和"垂直"选项的参数；反之，选中此选项后，则改变其中一个数值后，另外一个的数值也会随之发生变化。

按实际尺寸缩放对象

CorelDRAW中，调整控制点变换对象就是在对象被选择的状态下，对象的周围将出现8个选定手柄，通过调节这8个选定手柄以达到变换对象的目的。例如图7.46所示是将光标置于控制框左下角位置时的状态，图7.47所示是按住Shift键将其缩小后的效果。

图7.46 素材图像

图7.47 缩放后的效果

如果要执行更多缩放对象的操作，则需要使用"变换"泊坞窗，选中大小按钮 后，其状态如图7.48所示。

图7.48 "变换"泊坞窗

7.9.3 旋转对象

在使用选择工具 的情况下，单击选中对象之后，再次单击该对象，即可调出旋转控制框，此时将光标置于四角的旋转控制句柄上，即可进行旋转操作，图7.49所示是旋转后的效果。若想精确调整其位置，可以在其"属性栏"中设置参数 。

图7.49 调出旋转控制框

如果要执行更多旋转对象的操作，则需要使用"变换"泊坞窗，在其中选择旋转按钮 后，其状态如图7.50所示。

图7.50 "变换"泊坞窗

下面来分别介绍一下此泊坞窗中的参数含义：

★ 角度：在此数值框中输入一个角度值以确定对象的旋转角度。

★ 中心：在此可以设置中心点的水平与垂直位置。

通过设置适当的角度及控制中心点的位置，配合"副本"参数，可以制作出很多种花形的图样，如图7.51所示，读者可以自行尝试制作。

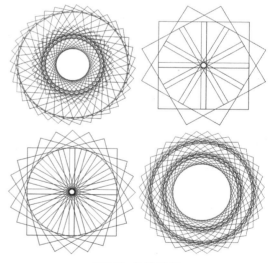

图7.51 花样图形

7.9.4 倾斜对象

在CorelDRAW中，倾斜对象就是将对象在水平或垂直方向上执行倾斜操作，最简单的方法就是通过鼠标直接对选择对象执行倾斜操作。

如果要执行更多倾斜对象的操作，则需要使用"变换"泊坞窗，用"变换"泊坞窗倾斜对象的具体操作步骤如下所述。

01 单击工具箱中的选择工具，选择需要倾斜的对象。

02 选择"窗口"|"泊坞窗"|"变换"|"倾斜"命令，弹出如图7.52所示的"变换"泊坞窗。

03 在"倾斜"选项区中的"水平"数值框中输入水平倾斜的角度，在"垂直"数值框中输入垂直倾斜的角度。

04 单击"应用"按钮，得到如图7.53所示的效果。

图7.52 "变换"泊坞窗

图7.53 利用"变换"泊坞窗倾斜文字的前后对比

7.10 对齐/分布对象

在实际绘图中，对于任何类型的图形绘制来说，对齐与分布都是一个非常重要的功能，因为在大多数情况下使用手动移动对象的方法很难达到对齐与分布对象的目的。

在本节中，就来讲解一下使用"对齐与分布"泊坞窗进行相关操作的方法。

7.10.1 对齐对象

对齐是排列操作中经常用到的一种，CorelDRAW X6提供了多种对齐的方式，可以对齐某个指定的对象，可以将其按页面对齐，还可以以网格作参照对齐；可以将其居中对齐，还可以执行左（顶部）对齐或右（底部）对齐等操作。

选择"窗口"|"泊坞窗"|"对齐与分布"命令，或在使用选择工具选中多个对象的情况下，单击其"属性栏"上的对齐与分布按钮，此时将弹出如图7.54所示的"对齐与分布"泊坞窗。

★ 水平对齐：在对齐区域中，第1行按钮可以控制水平对齐。即按水平方向对齐，垂直方向不发生变化。包括"左对齐"、"水平居中对齐"和"右对齐"

三种水平对齐方式。

图7.54 "对齐与分布"泊坞窗

★ 垂直对齐：在对齐区域中，第2行按钮可以控制垂直对齐。即按垂直方式对齐，水平方向不发生变化。包括"顶端对齐"、"垂直居中对齐"、"底端对齐"三种对齐方式。

★ 对齐对象到：在单击任意一个对齐按钮

后，此区域中的参数将被激活，在其中可以选择对齐的依据，如活动对象、页面边缘、页面中心、网格或指定点等。

依次选择如图7.55所示的三个树木对象，单击水平居中对齐按钮囲和垂直居中对齐按钮囲，则选择的树木将在水平与垂直方向上对齐，得到如图7.56所示的效果。

图7.55 选择的三个对象

图7.56 对齐后的效果

▌7.10.2 分布对象

在绘图时对绘图中的多个对象有时需要使之按某种方式均匀分布。如按等间隔来放置对象，使绘图具有精美、专业的外观。使用CorelDRAW的"对齐与分布"泊坞窗即可轻易地满足这样的要求。

下面对分布选项介绍如下：

"分布到"选项：提供了用于分布选择对象的两种范围，分别介绍如下：

★ 选定的范围按钮囲：在单击任意一种对齐

按钮后，单击此按钮可以在选择的范围内分布对象。

★ 页面的范围按钮囲：在单击任意一种对齐按钮后，单击此按钮可以在页面范围内分布对象。

不管是那一种分布范围，都可以指定下列分布方式。其中在水平方向上（第1行分布按钮），可以执行以下分布操作：

★ 左分散排列按钮囲：以对象的左边界为基点分布。

★ 水平分散排列中心按钮囲：以对象的水平方向的中点为基点分布。

★ 右分散排列按钮囲：以对象的右边界为基点分布。

★ 水平分散排列间距按钮囲：以相同的间距水平分布对象。

在垂直方向上（第2行分布按钮），可以执行以下分布操作：

★ 顶部分散排列按钮囲：以对象的上边界为基点分布。

★ 垂直分散排列中心按钮囲：以对象的垂直方向的中点为基点分布。

★ 底部分散排列按钮囲：以对象的下边界为基点分布。

★ 垂直分散排列间距按钮囲：以相同的间距垂直分布对象。

分布对象的具体操作步骤如下所述。

01 在绘图区绘制或导入图形对象，如图7.57所示。

图7.57 素材图像

02 单击工具箱中的选择工具 ，按住Shift键
依次选择5个对象，或者使用矩形框框选4
个对象，如图7.58所示。

图7.58 选择对象

03 选择"窗口"|"泊坞窗"|"对齐与分布"

命令，以显示"对齐与分布"泊坞窗。

04 在"对齐与分布"泊坞窗中单击水平分散排
列中心按钮 ，得到如图7.59所示的效果。

图7.59 分布后的效果

7.11 裁剪对象

7.11.1 裁剪工具

使用裁剪工具 可以移除对象中不需要的区域，它可以对编组对象、矢量图及位图等所有
对象同时进行裁剪，在进行裁切的过程中，其"属性栏"如图6.60所示。

图7.60 裁剪工具的"属性栏"

可以使用"裁剪工具 沿着辅助线的边缘进行拖动，得到用于控制裁剪范围的裁剪控制
框，如图7.61所示，确认裁剪正确后，在裁剪控制框内双击即可。如图7.62所示是裁剪后的
效果。

图7.61 裁剪图像

图7.62 裁剪后的效果

提示：

如果当前选中了对象，则仅裁剪选中的对象；如果当前没有选中任何对象，此时将对所有的对象进行裁剪。

除了进行规则的矩形裁剪外，我们也可以在"属性栏"上设置适当的角度数值，或像编辑图像一样，在裁剪控制框内单击以调出旋转控制框，对其进行旋转。

按Esc键或单击"属性栏"上的"清除裁剪选取框"按钮，即可放弃本次的裁剪操作。

7.11.2 创建精确裁剪对象

要精确的裁剪对象，其操作步骤如下：

01 首先需要创建一个容器，它可以是文本或绘制的图形。

02 选中并将内容对象调整为适当的大小。

03 在选中内容对象的情况下，选择"效果"|"图框精确裁剪"|"置于图文框内部"命令，此时光标将变为➡状态。

04 在容器对象上单击即可将内容对象置于容器中。

例如图7.63所示为原图像，其中的人物图形是本例的容器对象，右下方的花纹是内容对象，图7.64所示是将内容对象调整大小并置于文字容器后的效果。

图7.63 原图像   图7.64 精确裁剪后的效果

7.11.3 编辑与结束编辑内容

要编辑容器中的内容，可以选中整个裁剪对象，然后执行下列操作之一：

★ 按Ctrl键单击裁剪对象。在没有选中裁剪对象的情况下，可以按Ctrl键双击。

★ 在裁剪对象上单击右键，在弹出的菜单中选择"编辑PowerClip"命令。

★ 选择"效果"|"图框精确裁剪"|"编辑PowerClip"命令。

在编辑完成后，可以执行下列操作之一，以结束编辑。

★ 按Ctrl键在空白区域单击。

★ 选择"效果"|"图框精确裁剪"|"结束编辑"命令。

7.11.4 提取内容

不再需要使用容器装载内容时，可以选中裁剪对象，然后执行下列操作之一：

★ 在裁剪对象上单击右键，在弹出的菜单中选择"提取内容"命令。

★ 选择"效果"|"图框精确裁剪"|"提取内容"命令。

即可将容器与内容拆分为原始且各自独立的状态。

7.11.5 实战演练：化妆品网站展示设计

本例主要是利用精确裁剪功能，制作一个化妆品网页的效果图，其操作步骤如下：

01 打开随书所附光盘中的文件"第7课\7.11.5 实战演练：化妆品网站展示设计-素材1.cdr"，如图7.65所示。

02 选择矩形工具▢，在"属性栏"中设置四个角的圆角半径均为1mm，然后在页面中间处绘制一个矩形，并设置其填充色为白色，轮廓色为无，如图7.66所示。

图7.65 素材图像

图7.66 绘制圆角矩形

03 按Ctrl+I键导入随书所附光盘中的文件"第7课\7.11.5 实战演练：化妆品网站展示设计-素材2.jpg"，将其置于白色矩形的附近，保持该图像的选中状态，然后选择"效果"|"图框精确裁剪"|"置于图文框内部"命令，再将光标置于白色矩形上，如图7.67所示。

04 单击鼠标左键即可将图像置于白色矩形内部。按Ctrl键单击白色矩形，进入内容编辑状态，在其中调整图像的大小，使之覆盖整个白色矩形，如图7.68所示。

图7.67 摆放光标位置

图7.68 编辑内容

05 将光标置于白色矩形的外部，再按Ctrl键单击以退出编辑状态。

06 设置白色矩形的轮廓色为白色，并在"对象属性"泊坞窗中设置其宽度为0.5mm，得到如图7.69所示的效果。

07 按照第2～6步的方法，在白色矩形右侧绘制3个较小的矩形，结合随书所附光盘中的文件"第7课\7.11.5 实战演练：化妆品网站展示设计-素材3～7.11.5 实战演练：化妆品网站展示设计-素材5.jpg"，制作得到如图7.70所示的效果。

图7.69 调整图像并设置轮廓后的效果

图7.70 最终效果

7.12 查找/替换对象

CorelDRAW X6允许根据特定的属性来查找和替换对象，通过查找和替换向导可以查找绘图中指定条件的对象并可以用另一种属性去替换。

7.12.1 按属性查找对象

在绘制完一幅作品时将会有很多对象，用鼠标难以准确选择，此时可以根据需要选择的图形所具有的属性来搜索满足条件的对象。

按属性查找对象的具体操作步骤如下所述。

01 选择"编辑"|"查找并替换"|"查找对象"命令，弹出如图7.71所示的"查找向导"对话框。

图7.71 "查找向导"对话框

02 在"查找向导"对话框中选择一种搜索方式：选择"开始新的搜索"选项则可以开始新的搜索设置；选择"从磁盘装入搜索"选项，则可以装入预设的或以前保存的搜索条件；选择"查找与当前选定的对象相匹配的对象"选项，则可以查找与选择对象属性匹配的对象。

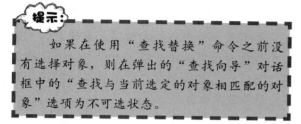

提示：

如果在使用"查找替换"命令之前没有选择对象，则在弹出的"查找向导"对话框中的"查找与当前选定的对象相匹配的对象"选项为不可选状态。

03 单击"下一步"按钮，弹出如图7.72所示的对话框。在此对话框中可以选择对象的属性。依次在"对象类型"、"填充"、"轮廓"和"特殊效果"4个选项卡中启用一个或多个选项。例如，若要查找的对象为"曲线"，则选择"对象类型"下的"曲线"选项。

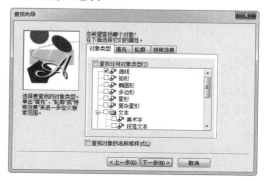

图7.72 选择对象属性

04 设置完成后单击"下一步"按钮，弹出如图7.73所示的对话框，如果要更加精确地指定对象的属性，则单击"指定属性"按钮，然后依向导在各个选择框里选择，最后单击"确定"按钮回到刚才的对话框中；如果不需要，则直接单击"下一步"按钮，在弹出如图7.74所示的对话框中单击"完成"按钮，即可开始查找。

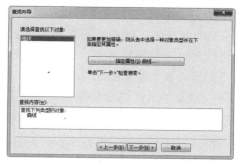

图7.73 指定对象的属性对话框

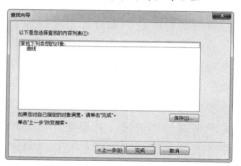

图7.74 查找的内容列表对话框

05 如果出现"没有找到"的信息栏，则单击"查找下一个"按钮；否则找到所要查找的目标后会弹出查找工具栏如图7.75所示，单击"查找上一个"、"查找下一个"、"查找全部"按钮即可继续查找，直到查找结束。

图7.75 查找工具栏

06 如果要更改搜索内容，则单击查找工具栏上的"编辑搜索"按钮，弹出一个如图7.76所示的"查找向导"对话框，在对话框中再次编辑搜索条件；另外，使用"查找向导"时，可以随时返回指定的选项，更改搜索条件。

图7.76 "查找向导"对话框

7.12.2 替换对象

在CorelDRAW X6中，可以将搜索到的对象属性用另外一种属性替换，也就是说可以执行单个图形对象或局部图形对象的修改。

替换对象的具体操作步骤如下所述。

01 选择"编辑"|"查找和替换"|"替换对象"命令。

02 在弹出如图7.77所示的"替换向导"对话框中选择一种替换方式：如果要用其他颜色替换指定的颜色，则选择"替换颜色"选项；如果要用其他的颜色模型或调色板替换指定的颜色模型或调色板，则选择"替换颜色模型或调色板"选项；如果要替换绘图中指定的轮廓笔属性，则选择"替换轮廓笔属性"选项；如果要用其他的文本属性替换指定的文本属性，则选择"替换文本属性"选项。

03 选择对话框下方的"只应用于当前选定的对象"选项，然后单击"下一步"按钮，弹出如图7.78所示的对话框。

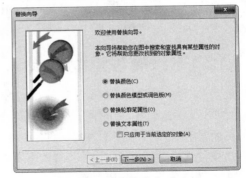

图7.77 "替换向导"对话框

图7.78 进一步设置替换内容

> **提示：**
> 如果没有选择"只应用于当前选定的对象"选项，将替换当前页面的所有符合条件的图形对象。

04 在对话框中可以选择需要的属性以赋予替换的对象。设置完成后单击"完成"按钮，即可开始替换。

05 如果搜索到合适的对象，则会出现一个查找并替换工具栏，如图7.79所示。按照实际需要，单击查找和替换工具栏上的"查找上一个"、"查找下一个"、"查找全部"、"替换"或"全部替换"按钮，直到搜索结束。

图7.79 "查找并替换"工具栏

利用这种方法可以快速从页面上成百上千的对象中找到所需要替换属性的对象，并将其属性进行替换。

7.13 UI设计综合实例：绿叶公益网站效果图设计

本例主要是利用编辑及复制对象等功能，制作一款公益网站的网页效果图，其操作步骤如下：

01 按Ctrl+N快捷键新建一个文档。选择矩形工具，绘制一个101*67mm左右的矩形。设置其轮廓色为无，然后在"对象属性"泊坞窗中设置其填充属性，如图7.80所示，得到如图7.81所示的效果。

图7.80 设置填充属性　　　　图7.81 填充渐变后的效果

> **提示：**
>
> 　　在"对象属性"泊坞窗中，所使用的渐变颜色，从左至右分别为（R：200、G：223、B：177）和白色。

02 选择贝塞尔工具，在矩形的中间位置绘制一个叶子形状，如图7.82所示。

03 设置叶子图形的轮廓色为无，然后在"对象属性"泊坞窗中设置其填充属性，如图7.83所示，得到如图7.84所示的效果。

图7.82 绘制叶子图形　　　图7.83 设置填充属性　　　图7.84 填充渐变后的效果

> **提示：**
>
> 　　在"对象属性"泊坞窗中，所使用的渐变颜色，从左至右分别为（R：122、G：174、B：38）和（R：220、G：233、B：173）。

04 选中叶子图形，按小键盘上的+键进行原位复制，然后使用形状工具修改该形状，直至得到类似如图7.85所示的效果。

05 选中上一步编辑后的叶子图形，在"对象属性"泊坞窗中设置其填充属性，如图7.86所示，得到如图7.87所示的效果。

图7.85 缩小并编辑图形　　　　图7.86 设置填充属性　　　　图7.87 填充渐变后的效果

提示：

　　在"对象属性"泊坞窗中，所使用的渐变颜色，从左至右分别为（R：21、G：41、B：23）、（R：21、G：41、B：23）、（R：52、G：128、B：57）、（R：41、G：84、B：11）、（R：52、G：128、B：57）。

06 保持选中上一步编辑的图形，按小键盘上的+键进行原位复制，在"对象属性"泊坞窗中设置其填充属性，如图7.88所示，得到如图7.89所示的效果。

图7.88 设置填充属性　　　　图7.89 填充渐变后的效果

提示：

　　在"对象属性"泊坞窗中，所使用的渐变颜色，从左至右分别为（R：0、G：0、B：0）、（R：3、G：42、B：21）、（R：114、G：188、B：13）。

07 保持选中上一步编辑的图形，选择透明度工具🔲，在"属性栏"中设置其参数，如图7.90所示，得到如图7.91所示的效果。

图7.90 设置透明度属性　　　　图7.91 设置透明度后的效果

08 使用选择工具🔲选中所有的叶子图形，按Ctrl+G快捷键将其编组。按Ctrl+C快捷键进行复制，以留做下面备用。选择阴影工具🔲，设置其"属性栏"如图7.92所示，得到如图7.93所示的阴影效果。

图7.92 设置阴影属性　　　　　　　　　图7.93 添加阴影后的效果

09 按Ctrl+V快捷键粘贴，将上一步复制的图形粘贴进来。使用选择工具 适当将其缩小，拖至大叶子的右下方，再按Ctrl+PgDn键将其向下调整一层，得到如图7.94所示的效果。

10 分别选中小叶子图形中的各个组成部分，然后在"对象属性"泊坞窗中修改其填充色，得到如图7.95所示的效果。其中从下至上所设置的渐变如图7.96～图7.98所示。

图7.94 复制图形　　　　　　图7.95 调整图形颜色　　　　图7.96 "对象属性"泊坞窗1

11 为改变颜色后的叶子添加阴影，得到如图7.99所示的效果。

图7.97 "对象属性"泊坞窗2　　图7.98 "对象属性"泊坞窗3　　　　图7.99 改颜色后的效果

提示：

　　在底部图形的"对象属性"泊坞窗中，所使用的渐变颜色，从左至右分别为（R：252、G：174、B：74）、（R：244、G：219、B：129）；在中间图形的"对象属性"泊坞窗中，所使用的渐变颜色，从左至右分别为（R：41、G：29、B：22）、（R：39、G：31、B：16）、（R：128、G：93、B：52）、（R：84、G：59、B：11）、（R：184、G：98、B：0）；在顶部图形的"对象属性"泊坞窗中，所使用的渐变颜色，从左至右分别为（R：171、G：47、B：31）、（R：232、G：86、B：68）、（R：253、G：209、B：0）。

12 继续按Ctrl+V快捷键两次，从而将第8步复制的图形粘贴进来，然后使用选择工具 调整其大小及角度，并按照第8步的方法为其添加阴影，得到如图7.100所示的效果。

13 最后可以根据需要在界面中添加相关的说明文字，得到如图7.101所示的效果。

图7.100 添加另外2个叶子

图7.101 最终效果

7.14 学习总结

在本课中，涉及的知识点较多，主要是对对象进行各种编辑处理。通过本课的学习，读者应该能够掌握选择、移动、复制、再制、调整顺序、锁定与解锁、群组与取消群组、变换、对齐/分布等操作，同时，对于裁剪、查对/替换等操作，也应达到较为熟悉的程度。

7.15 练习题

一、选择题

1. 下列关于在CorelDRAW中旋转对象的操作错误的是_____。

   A. 双击对象物体产生旋转边框，沿顺时针或逆时针拖动旋转手柄，可以旋转对象

   B. 旋转图形时，旋转基准点就是图形的中心点，是不可以改变的

   C. 旋转图形时，旋转基准点的位置是可以改变的

   D. 在旋转图形的过程中，单击鼠标右键可以同时进行图形的复制

2. 当精确裁剪对象时，如果内容对象超出了容器对象的大小时，CorelDRAW 将_____。

   A. 不把内容放在容器中　　　　　B. 自动删除容器

   C. 自动扩大容器　　　　　　　　D. 自动裁剪内容对象

3. 拖动对象时按住_____键，可以使对象只在水平或垂直方向移动。

   A. Shift　　　　　B. Alt　　　　　C. Ctrl　　　　　D. Esc

4. CorelDRAW中再制命令的快捷键是_____。

   A. Ctrl+R　　　　　B. Ctrl+G　　　　　C. Ctrl+D　　　　　D. Ctrl+K

5. 当你用鼠标点击一个物体时，它的周围出现_____个控制方块。

   A. 4　　　　　B. 6　　　　　C. 8　　　　　D. 9

6. 若想使用形状工具随意调整选定对象的外轮廓，必须先_____。

   A. 为对象填充颜色　　　　　　　B. 去除对象的外轮廓

   C. 去除对象的填充色　　　　　　D. 将对象转换为曲线

7. 如何选定所有对象？_____

   A. 同时按住Shift和Tab键并用鼠标点选全部对象

   B. 选择"编辑"|"全选"|"对象"命令

   C. 按住Ctrl键，然后点选所有对象

   D. 在没有选择任何对象时，按Ctrl+A快捷键

8. 当选择多个对象时，按哪个快捷键可以群组对象_____。

    A. Ctrl+H   B. Shift+Ctrl+G   C. Ctrl+G   D. Alt+H

9. 下列关于调整对象顺序的说法正确的是_____。

    A. 按Ctrl+Home键可以将所选对象移至当前页面的最上方

    B. 按Ctrl+End键可以将所选对象移至当前页面的最下方

    C. 在调整对象顺序时，不可以跨图层进行调整

    D. 当选中一个编组的对象进行"逆序"处理时，可以将组中的对象顺序反转

10. 下列关于调整对象顺序与页面、图层之间的说法正确的是_____。

    A. 调整顺序后的对象，将无法使用调和及阴影等功能

    B. 无法对锁定的对象执行调整顺序操作

    C. 对象之间重叠时，上方图层中的对象一定遮盖下面图层中的对象

    D. 无法调整群组对象的顺序

11. 默认情况下，页面中所有对象的堆叠顺序是由什么因素决定的_____。

    A. 由对象的大小决定   B. 由对象的填充决定

    C. 由对象被添加到绘图中的次序决定   D. 没有什么规律

12. 使用"变换"泊坞窗可以执行下列哪些操作?_____

    A. 旋转角度   B. 移动位置   C. 改变大小   D. 水平或垂直镜像

13. 若要原位复制与粘贴对象，下列操作正确的是_____。

    A. 按Ctrl+C快捷键进行复制，然后按Ctrl+V快捷键进行粘贴即可

    B. 按Ctrl+C快捷键进行复制，然后选择"编辑"|"原位粘贴"命令

    C. 在选中对象的情况下，按小键盘上的+键

    D. 选择"编辑"|"再制"命令

二、填空题

1. _____的目的就是将一个矢量对象或位图图像放置到其他对象中，从而制作出特殊的效果。

2. 把对象原位置复制一份可按_____键。

3. 按下_____键，可以在当前使用的工具与选择工具之间相互切换。

4. 在未选中对象A时，使用选择工具单击对象A两次，此时可以拖动它四角的控制点执行_____操作。

三、上机题

1. 打开随书所附光盘中的文件"第7课\7.15　题1-素材.cdr"，如图7.102所示，结合本课讲解的再制功能，制作得到如图7.103所示的效果。

图7.102　素材

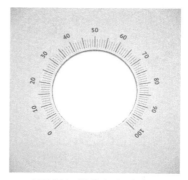
图7.103　制作完成的效果

2. 打开随书所附光盘中的文件"第7课\7.15 题2-素材.cdr",如图7.104所示,请使用裁剪工具 ,裁剪得到如图7.105所示的结果。

图7.104 素材图像

图7.105 裁剪后的效果

3. 打开随书所附光盘中的文件"第7课\7.15 题3-素材.cdr",如图7.106所示,结合本课讲解的知识,制作得到如图7.107所示的效果。

图7.106 素材图像

图7.107 制作后的效果

4. 打开随书所附光盘中的文件"第7课\7.15 题4-素材.cdr",如图7.108所示,结合本课讲解的功能,调整各对象的顺序,制作得到如图7.109所示的效果。

图7.108 素材图像

图7.109 处理后的效果

第8课
宣传册设计：创建及格式化文本

文字是文化的重要组成部分及载体。几乎所有视觉媒体中，文字和图片都是其两大构成要素，而文字效果将直接影响设计作品的视觉传达效果。同样，在使用CorelDRAW制作各种精美图像时，文字也是点缀画面不可缺少的元素，恰当的文字甚至可以起到画龙点睛的作用。本课将对CorelDRAW中的各项文字编辑及格式化功能进行详细的讲解。

8.1 宣传册设计概述

8.1.1 宣传册的概念

　　宣传册又称为画册，可针对企业形象或产品进行详细的介绍。目前，宣传册已经成为重要的商业贸易媒体，成为企业充分展示自己的最佳渠道之一，更是企业最常用的产品宣传手段。

　　企业形象宣传册重点推广企业的文化与形象，这样的宣传册浓缩了企业发展历程、理念，向公众展现了企业文化，给人们栩栩如生、身临其境的感觉，使阅读者认可企业的业务范围与能力，并产生与之合作的潜在意向。此类宣传册通常是多页型的，以便容纳大量的企业信息，如图8.1所示。

图8.1 企业形象宣传册

　　企业产品宣传册着重介绍产品本身，通过图文混排的形式，展示产品的外观、特色、性能、指标等信息，以增加消费者对产品的了解，进而增加产品的销售量。此类宣传册既有多页型的，也有单页型的，如图8.2所示。

图8.2 企业产品宣传册

8.1.2 宣传册的特点

　　宣传册的主要特点介绍如下。

内容详尽

　　企业宣传册不同于其他类型的媒体，它不追求强有力的视觉冲击力，而是通过有效地组织图片、图表、文字等设计元素，尽可能地将企业的特点、理念、业务类型等重要信息传达给阅读者。对于产品宣传册，则应该将产品的外形、特色、性能、参数等信息清晰、完整地传达给潜在的消费者，因此从传达信息这一特点来看，宣传册都应该具备内容详尽的特色。

客观真实

　　在一个诚信的社会中，客观而真实的信息更容易获得潜在的客户与消费者，因此，在真实性方面，宣传册与广告一样，需要通过各种手段增强其整体的可信度与真实性，其中大量使用照片不失为一种切实可行的手段。

形式多样

宣传册的形式多样，能够从不同角度满足企业的宣传目的及消费者的阅读喜好。例如，折页类型有双折、三折、四折；开本更是非常灵活，几乎可以用任何一种开本进行印刷制作；在后期加工工艺方面，可以采取烫金、烫银、模切、UV等多种工艺。

易于保存

与报纸、杂志广告等宣传手段相比，宣传册具有更强的易于保存的特性，因为大多数宣传册类似于一个薄的手册，且印刷、制作精美，纸质坚硬，不易折叠，这在客观上为其保存提供了前提保证，因此宣传册的有效期一般要比报纸、杂志等宣传形式更长。

制作精美

在制作精良程度方面，宣传册类似于杂志广告，其设计精美，印刷精良，纸质大多光滑、坚挺，印刷工艺多样化，这也是许多消费者更愿意通过宣传册比对产品的一个原因。

如图8.3所示都是优秀的宣传册设计作品。

图8.3 宣传册设计作品欣赏

8.2 输入美术字并格式化

8.2.1 输入美术字

美术字是一类不会自动换行的文本，在选择文本工具后，可以在"属性栏"中设置一些基本的文本属性，然后在文档中单击，即可插入文本光标，然后输入或粘贴文本即可。

8.2.2 实战演练："超信套餐"宣传单页标语设计

本例主要是利用输入并简单编辑文字的功能，制作一款宣传单页，其操作步骤如下：

01 打开随书所附光盘中的文件"第8课\8.2.2 实战演练："超信套餐"宣传单页标语设计-素材.cdr"，如图8.4所示。

02 单击文本工具字，并在"属性栏"中设置适当的字体和字号，如图8.5所示。

图8.4 素材图像

图8.5 设置文字属性

03 使用文本工具字在画面中单击，然后输入第1行文字"昨夜梦见飞翔"，得到如图8.6所示的效果。

04 保持光标位置于文本的最后位置，然后按Enter键换行，并多次按Space键，使前面有一些空白，然后输入文字"今天生出翅膀"，如图8.7所示。

05 选择工作箱中的任意一个工具，即可确认文本的输入。

06 使用选择工具选中文本，并单击文本以调出旋转控制框，对其进行逆时针旋转，如图8.8所示，然后再次单击，以调出变换控制框，适当调整其大小及位置，得到如图8.9所示的最终效果。

图8.6 输入第1行文字

图8.7 输入第2行文字

图8.8 旋转对象

图8.9 最终效果

8.2.3 设置字符属性

在一个设计作品中，文字的字体、字号运用是否得当，文字的段落排列是否整齐、美观会在很大程度上影响作品与观众间的信息交流。作为一个排版与图形绘制兼顾的软件，CorelDRAW提供了非常丰富的字符属性设置功能。

为了应付不同情况下的字符属性设置需要，CorelDRAW提供了两种常用的设置字符属性的渠道，下面分别介绍一下其渠道及特点。

★ 属性栏："属性栏"一直是快速设置对象格式的好选择，在选择文本工具字或选中了文本对象时，"属性栏"的状态如图8.10所示，其特点就是可以快速进行属性设置，同时包含了常用的字符属性与段落属性参数，缺点就是参数并不全面，不能满足高级或特殊设置的需求。

图8.10 文本工具的"属性栏"

★ "对象属性"泊坞窗：在CorelDRAW中，选中文本工具▣或选中文本对象后，"对象属性"泊坞窗显示如图8.11所示，单击字符按钮▣，即可显示相应的字符参数。其优点就是使用比较方便，同时包含的字符属性设置参数也比较全面。

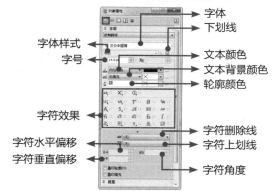

图8.11 "对象属性"泊坞窗

下面将以"对象属性"泊坞窗为主，讲解字符属性相关的参数。

8.2.4 "字符"泊坞窗参数详解

"字符格式化"泊坞窗中各参数的含义如下：

★ 字体：在其下拉列表框中选择不同的字体。以如图8.12所示的图像为例，如图8.13所示是为文字设置不同字体后的效果。

图8.12 素材图像

图8.13 设置不同字体后的效果

★ 字体样式：在选择不同的字体时，可以在此处选择如斜体、加粗等不同的字体样式。该参数必须要字体支持才可以使用。

★ 字号：在此微调框中输入数值或在其下拉列表框中选择一个数值，可以设置文字的大小，如图8.14所示。

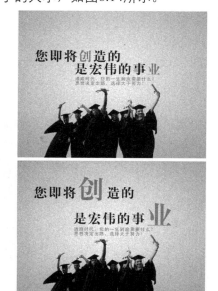

图8.14 设置不同字号前后的效果对比

★ 字符效果：在此可以设置字符的下划线、删除线、上划线、大小及位置等特殊效果，图8.15所示是将文字设置为不同"下划线"样式后的效果。

图8.15 设置不同下划线时的效果

★ 字符位移：选中文本后，此参数被激活，用于设置文字的旋转角度及水平、垂直位移等属性。如图8.16所示是设置了

垂直位移参数，使文字向上移动后的效果，如图8.17所示是设置了文字角度后的效果。

图8.16 设置字符的位移效果

图8.17 设置字符角度后的效果

8.2.5 实战演练：万兴商业步行街美术字格式设计

本例主要是利用格式化字符功能，设计宣传册中的文字内容属性，其操作步骤如下：

01 打开随书所附光盘中的文件"第8课\8.2.5 实战演练：万兴商业步行街美术字格式设计-素材.cdr"，如图8.18所示。

02 首先，将在右侧页面中输入内容。选择文本工具字，在右侧单击以插入光标，然后输入一个"，"，并调整其位置，如图8.19所示，该文字所设置的属性如图8.20所示。

图8.18 素材文件

图8.19 输入文字

图8.20 设置文本属性

03 在调色板中设置文字的填充色为白色，轮廓色为无，得到如图8.21所示的效果。

04 在逗号后面输入两行文本"钻石标杆地段，成就明天财富。"，如图8.22所示。

05 使用选择工具 选中上一步输入的文本，适当将其放大一些，得到如图8.23所示的效果。

图8.21 设置文本颜色　　　　图8.22 输入文本　　　　图8.23 设置文本大小

06 在调色板中设置文字的填充色为白色，轮廓色为无，得到如图8.24所示的效果。

07 使用文本工具 选中第1行文本，然后在"对象属性"泊坞窗中设置其属性，如图8.25所示，得到如图8.26所示的效果。

图8.24 设置文本颜色　　　　图8.25 设置字符属性　　图8.26 设置字符属性后的效果

08 为第2行文本设置属性，如图8.27所示，得到如图8.28所示的效果。

09 在右上方位置输入"抢滩解放路 占地为王"，如图8.29所示。

图8.27 设置字符属性　　图8.28 设置字符属性后的效果　　图8.29 输入文本

10 在宣传页的左侧输入相关的文字，得到如图8.30所示的最终效果。

图8.30 最终效果

8.3 输入段落文本并格式化

8.3.1 输入段落文本

输入段落文本时，如果输入的文字超出了文本框的宽度，文本会自动转换到下一行，相当于在文本行尾添加了一个看不见的回车符。所输入的文本会限制在该文本框中，默认状态下段落文本框的外形是一个固定大小的矩形，输入的文本都被限制在矩形区域内。如果输入的文本超过文本框所能容纳的大小，超出的部分将不被显示出来。

要输入段落文本，可以在选择文本工具后，移动光标到绘图区的适当位置，按住鼠标左键拖动出一个用于装载文本的区域，如图8.31所示。释放左键即可创建一个大小固定的段落文本框，此时即可在其中输入或粘贴文本内容了，如图8.32所示。

图8.31 拖动文本框

图8.32 输入文字

若文本框底部的链接控制句柄中包含一个倒三角，这表示该段落文本框中存在未显示出来的文字，此时可以通过改变文本框的大小，以显示出所有文字。

8.3.2 格式化段落文本

段落属性是文本设置时的另一个重要属性，在选中文本工具或选中文本对象后，在"对象属性"泊坞窗中，单击其顶部的段落按钮，即可显示相应的参数，如图8.33所示。

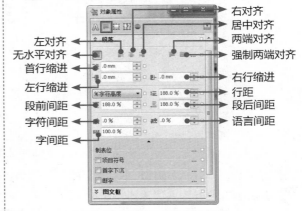

图8.33 "对象属性"泊坞窗

8.3.3 设置文本的对齐方式

在CorelDRAW中，可以对创建的美术字或段落文本采用不同的水平对齐方式，以适合不同的版面需求：

★ 无水平对齐按钮：单击此按钮，将不应用文本对齐方式。

★ 左对齐按钮：单击此按钮，将对文本应用以左边为准的左对齐方式。

★ 居中对齐按钮：单击此按钮，文本将对称地分布在插入点的垂直基线的两侧。

★ 右对齐按钮：单击此按钮，可以以插入点的垂直基线为准，将文本全部置于插入点的右侧，图8.34所示为原图像，如图8.35所示是在仅显示文字内容的情况下，分别设置上述两种不同对齐方式时的效果。

图8.34 原图像

图8.35 设置不同对齐方式时的效果

★ 两端对齐按钮▤：单击此按钮，可以在文本的左边和右边创建相等的页边距，如图8.36所示。

★ 强制两端对齐按钮▤：单击此按钮，文本对象将沿左边和右边创建相等的页边距，并将最后一行延伸到该行的末尾，如图8.37所示。

图8.36 "两端对齐"　图8.37 "强制两端对齐"
　　　　对齐方式　　　　　　　　对齐方式

8.3.4 设置缩进

在"段落格式化"泊坞窗中，包括了以

下几个用于设置缩进的参数：

★ 首行缩进：设置选中段落的首行相对其他行的缩进值。以图8.38所示的原图像为例，图8.39所示是设置首行缩进后的效果。

图8.38 素材图像

图8.39 首行缩进后的效果

★ 左行缩进：设置当前段落的左侧相对于左文本框的缩进值，如图8.40所示。

图8.40 设置左缩进后的效果

★ 右行缩进：设置当前段落的右侧相对于右文本框的缩进值，如图8.41所示。

图8.41 设置右缩进后的效果

提示：

由于示例使用的是垂直排列的文本，因此左缩进相当于上缩进，而右缩进则相当于下缩进。

8.3.5　调整字符间距以及行间距

精确指定字符间距和行间距

　　在"对象属性"泊坞窗中，可以设置字符间距和行间距属性，以图8.42所示的原图像为例，如图8.43所示是设置行间距后的效果，如图8.44所示是设置字符间距后的效果。

图8.42　原图像

图8.43　设置行间距

图8.44　设置字符间距

使用控制句柄调整字符与行间距

　　在前面讲解段落文本框的组成时，我们已经了解到了水平与垂直间距控制句柄，其功能就是调整字符与行间距。

　　下面以上面处理过的文本为例，讲解其操作方法。

01 将光标置于垂直间距控制句柄，此时光标变为▶字状态，如图8.45所示。

02 按住鼠标右键向下拖动以调整行间距，如图8.46所示。

图8.45 光标位置

图10.46 向下拖动鼠标以调整行间距

03 释放右键后即可调整文本的行间距属性，如图8.47所示。

04 如图8.48所示是按照类似的方法，调整水平间距属性后的效果。

图8.47 调整行间距后的效果

图8.48 调整水平间距后的效果

8.3.6 实战演练：天顺园·风情尚街宣传册段落格式设计

本例主要是利用段落格式化功能，对宣传册的多段文本进行处理，其操作步骤如下：

01 打开随书所附光盘中的文件"第8课\8.3.6 实战演练：天顺园·风情尚街宣传册段落格式设计-素材.cdr"，如图8.49所示。

图8.49 素材文件

02 选择文本工具🅰，在右侧页面的中上部空白处，拖动出一个文本框，如图8.50所示。

03 在文本框中以默认的文本属性输入4段内容，如图8.51所示。

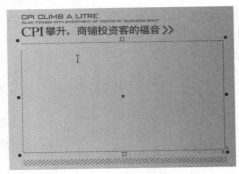

图8.50　绘制文本框

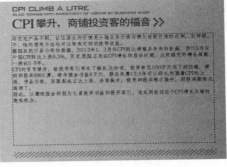

图8.51　输入文本

04 在"对象属性"泊坞窗中，先来设置一下文本的字符属性，如图8.52所示，得到如图8.53所示的效果。

图8.52　设置字符属性

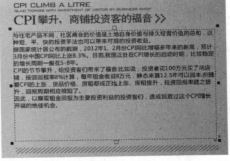

图8.53　设置字符属性后的效果

05 下面来设置一下文本的缩进，如图8.54所示，使文本段首位置空出2个字符，如图8.55所示。

图8.54　设置缩进属性

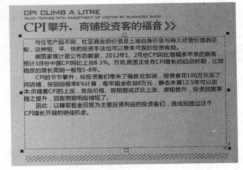

图8.55　设置缩进属性后的效果

06 下面来设置一下文本的段前间距，如图8.56所示，使各段文本间看起来疏密有致，如图8.57所示。

图8.56　设置段前间距属性

图8.57　设置段前间距后的效果

07 下面来设置一下行间距，如图8.58所示，使整体看来更为协调，如图8.59所示。

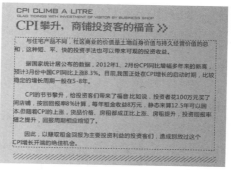

图8.58　设置行间距属性　　　　　　　　图8.59　设置行间距后的效果

08 下面来为文本设置首字下沉效果。在第3段文本中插入光标或将其选中，在"对象属性"泊坞窗中选中"首字下沉"选项，如图8.60所示，得到如图8.61所示的效果。

图8.60　设置首字下沉属性　　　　　　　图8.61　设置首字下沉后的效果

09 单击后面的首字下沉设置按钮，设置弹出的对话框如图8.62所示，得到如图8.63所示的效果。

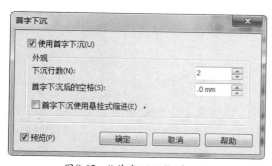
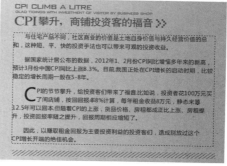

图8.62　"首字下沉"对话框　　　　　　　图8.63　调整后的效果

10 此时，观察文本框整体的状态，可以看出右侧的文本并没有完全对齐，影响了整体的美观程度，此时可以将对齐方式设置为两端对齐，如图8.64所示，得到如图8.65所示的效果。

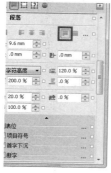

图8.64　设置对齐方式　　　　　　　　　图8.65　最终效果

8.4 插入占位符文本

占位符文本是CorelDRAW X6中新增的一项功能，其作用就在于，可以暂时以CorelDRAW默认的文本内容，为文本框添加内容，这样可以在正式填充文字之前，更好的查看整体的版面效果。

插入占位符文本的方法非常简单，用户可以根据需要，在文档中绘制一个文本框，使用选择工具将其选中，并在其上单击右键，在弹出的菜单中选择"插入占位符文本"命令即可。

以图8.66所示的宣传页为例，此时已经在右下方绘制了一个文本框，图8.67所示就是在其中插入了占位符文本后的效果。

图8.66 绘制了文本框的素材文档

图8.67 插入占位符文本后的效果

8.5 查找／替换文本

应用"查找和替换"命令，可以查找与用户设置相同的文本，并且可以应用"替换"命令将满足条件的文本对象替换为另一文本。

8.5.1 查找文本

对于文本字符，在CorelDRAW X6中可以用"查找文本"命令搜索特定的文本字符和具有特定属性的文本对象。选择"编辑"|"查找并替换"|"查找文本"命令后，将弹出如图8.68所示的对话框，在"查找"输入框中输入要查找的文本。如果查找的对象是英文，可以选择"区分大小写"选项，将查找大小写完全匹配的文本，单击"查找下一个"按钮，CorelDRAW X6将查找包含指定字符的第一个文本块。

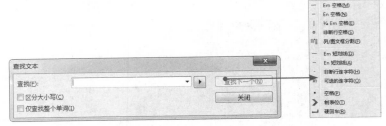
图8.68 "查找文本"对话框

8.5.2 替换文本

替换文本的具体操作步骤如下所述。

01 选择"编辑"|"查找并替换"|"替换文本"命令。

02 弹出如图8.69所示"替换文本"对话框，

在"查找"输入框中输入要查找的文本内容，在"替换为"输入框中输入要替换的文本内容。如果查找和替换的是英文，可以选择"区分大小写"选项。

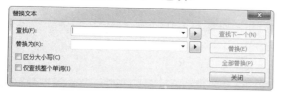

图8.69 "替换文本"对话框

03 如果要替换最先出现的与"查找"框中指定内容相匹配的文本，则单击"替换"按钮；如果要替换与"查找"输入框中指定内容匹配的所有文本，则单击"全部替换"按钮；如果要查找在下一处出现的与"查找内容"输入框中指定内容匹配的文本，则单击"查找下一个"按钮。

04 替换完成后直接单击"关闭"按钮即可。

8.6 创建与应用字符／段落样式

CorelDRAW中的文本样式包括字符样式与段落样式2种，也可以创建相应的字符样式集或段落样式集，当我们以美术字为基础创建样式时，即可保存得到美术字样式，同理，以段落文本为基础创建样式时，即可保存得到段落样式。

文本样式可以保存几乎所有的文本属性设置，同时也包括了对填充及轮廓颜色的设置，常用于各种长文档的编排，如宣传册、图书、杂志等，图8.70所示就是一些相应的排版作品。

图8.70 文本样式在图书与宣传册中的运用

8.7 转换文本

8.7.1 美术与段落文字的转换

对于美术字与段落文字，通过转换文本操作可以将一种文本类型转换为另外一种文本类型。

要将美术文本转换为段落文本，可以选择"文本"|"转换到段落文本"命令。要将段落文本转换为美术字，可以选择"文

本"|"转换到美术字"命令。

当段落文本转换到美术字时，其文本框容不下所有的文本时，则段落文本不能转换为美术字文本，只有先调整段落文本框的大小后才能转换为美术字文本。

8.7.2 横排与直排文字的转换

要在横排与直排文本之间进行转换，可以在选中文本后，执行下列操作之一：

★ 单击"属性栏"上的将文本更改为水平方向按钮 （快捷键为Ctrl+，）和将文本更改为垂直方向按钮 （快捷键为Ctrl+。）。

★ 在"段落格式化"泊坞窗的底部设置文本方向为"水平"，则文本变为水平状态，选择"垂直"选项则文本变为垂直状态。

8.8 为多页文档插入页码

在CorelDRAW X6中，新增了为页面添加页码的功能，使得用户在制作如画册、宣传册等作品时，可以非常方便的根据页面顺序，为其添加相应的页码。

8.8.1 插入页码

要插入页码，可以选择"布局"|"插入页码"子菜单中的命令，如图8.71所示。

图8.71 "插入页码"命令

下面分别介绍各命令的功能。

★ 位于活动图层：选择此命令后，将在当前的活动图层（以红色字显示）中插入页码。

★ 位于所有页：选择此命令后，将在"主页面"中添加页码，并应用于所有的普通页面中。

★ 位于所有奇数页：选择此命令后，将在所有的奇数页中添加页码。

★ 位于所有偶数页：选择此命令后，将在所有的偶数页中添加页码。

8.8.2 实战演练：天顺园·风情尚街宣传册页码设计

本例主要是利用为页面添加页码的功能，为宣传册添加页码，其操作步骤如下：

01 打开随书所附光盘中的文件"第8课\8.8.2

实战演练：天顺园·风情尚街宣传册页码设计-素材.cdr"，其第1页的状态如图8.72所示。在本例中，将为该宣传册的页码进行设计，以相似的图形及页码数值，分别置于奇数和偶数页上。

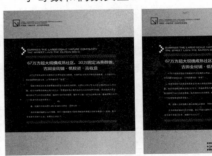

图8.72 素材文件

02 在第1页中，选择"布局"|"插入页码"|"位于所有奇数页"命令，此时将自动在"对象管理器"的"主页面"中创建一个图层，如图8.73所示，并将页码置于该层中，页码数字将置于页面的底部中间处，如图8.74所示。

图8.73 创建新图层

图8.74　设置字符属性

03 选中上一步创建的页码，在"对象属性"泊坞窗中设置其属性，得到如图8.75所示的效果。

图8.75　设置字符属性后的效果

04 打开随书所附光盘中的文件"第8课\8.8.2 实战演练：天顺园·风情尚街宣传册页码设计-素材.cdr"，其中包括了上、下两个素材图形，如图8.76所示。选中上面的图形，按Ctrl+C快捷键进行复制，然后返回宣传册文件中，按Ctrl+V快捷键进行粘贴，并将其缩小至左下角的位置，同时将页码数字也移至该图形附近摆放，如图8.77所示，如图8.78所示是页码的局部效果。

图8.76　素材图像

图8.77　摆放图像位置　　图8.78　页码的局部效果

05 切换至第2页，按照第2～4步的方法，配合"布局"|"插入页码"|"位于所有偶数页"命令及素材图形，用户可以尝试为偶数页增加页码，如图8.79所示，图8.80所示是添加页码后，另一个跨页的效果。

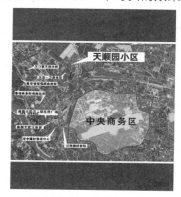

图8.79　添加偶数页页码

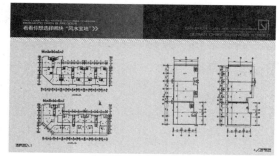

图8.80　最终效果

8.9　设计综合实例：慈恩镇房地产宣传册设计

本例主要是利用输入与格式化文本知识，对宣传页中的文字进行格式处理，其操作步骤如下：

01 打开随书所附光盘中的文件"第8课\8.9 设计综合实例：慈恩镇房地产宣传册设计-素材.cdr"，如图8.81所示。

02 使用文本工具 字 在左侧页面的左上方位置单击插入光标，然后输入文字"慈恩镇 CI'EN TOWN"。

03 显示"对象样式"泊坞窗，单击"样式集"后面的新建样式集按钮 创建得到一个新的样式集，将其重命名为"标题1"，如图8.82所示。

图8.81 素材图像　　　　　　　图8.82 创建新的对象样式

04 单击"标题 1"后面的添加或删除样式按钮 ，在弹出的菜单中选择"字符"命令，如图8.83所示，然后设置下面的参数如图8.84所示，单击"对象样式"泊坞窗中的"应用于选定对象"按钮，得到如图8.85所示的效果。

图8.83 选择"字符"命令　图8.84 设置字符属性　　　图8.85 应用样式后的效果

05 添加"段落"样式，并按照图8.86所示进行参数设置，得到如图8.87所示的效果。

图8.86 设置段落属性　　　图8.87 设置段落属性后的效果

06 选中上一步设置好样式集后的文字，按小键盘上的+键进行原位复制，使用选择工具 按住Shift键向下拖动其位置，并修改其文字内容为"人气焦点，财富源泉！"，如图8.88所示。

07 使用文本工具 字 ，分别选中"人气焦点，"和"财富源泉！"，在调色板中分别设置其颜色为白色和纯黄色，得到如图8.89所示的效果。

图8.88 输入文字

图8.89 设置文字颜色

08 下面将继续按照前面的方法，定义其他的文本样式。在文字下面输入两行文字，分别为"IS THE PUBLIC FOCUS AND THE SOURCE OF TREASURE."和"东临雁塔宝地，西接小寨商圈，南依园林美景，北拥旅游客源。"。

09 选中上一步中输入的2行文字。在"对象样式"泊坞窗中新建"标题2"样式，分别设置其"字符"和"段落"属性，如图8.90和图8.91所示，再将其应用于选中的文字，并设置英文的颜色为白色，得到如图8.92所示的效果。

图8.90 设置字符属性　　图8.91 设置段落属性

图8.92 应用样式后的效果

10 输入正文文字，并定义"正文"样式，如图8.93和图8.94所示，得到如图8.95所示的效果。如图8.96所示是本页的整体效果。如图8.97和图8.98所示是切换至第2、3页并对文字格式化后的效果。

图8.93 设置字符属性　　图8.94 设置段落属性

图8.95 应用样式后的效果

图8.96 最终效果1

图8.97 最终效果2

图8.98 最终效果3

8.10 学习总结

　　在本课中，主要讲解了CorelDRAW中与文本相关的基本功能。由于在CorelDRAW的常见应用领域中，文本几乎都是不可或缺的元素，因此对文本的相关知识，应特别注意熟悉掌握。通过本课的学习，读者可以熟练输入各类型文本，并掌握其格式化属性的设置方法，同时，还可以熟悉各类型文本之间的转换、插入与设置页码、创建与应用文本样式等功能。

8.11 练习题

一、选择题

1. 打开"文本属性"泊坞窗的快捷键是_____。

    A. Ctrl+A   B. Ctrl+B   C. Ctrl+C   D. Ctrl+T

2. 下列方法中，创建美术字的方法正确的是_____。

    A. 用文本工具字在页面中单击插入光标并输入文字

    B. 用文本工具字在页面中拖一个区域并输入文字

C. 双击文本工具，然后输入文字

D. 按F5键，然后在页面中单击插入光标并输入文字

3. 以下可以在CorelDRAW中设置的段落属性是_____。

A. 添加项目符号   B. 设置缩进

C. 分栏   D. 添加制表位

4. 在CorelDRAW中，允许用户将段落文本最多分为_____栏。

A. 2   B. 4   C. 6   D. 8

5. CorelDRAW 提供的样式有_____。

A. 对象样式   B. 位图图像样式

C. 美术字文本样式   D. 段落文本样式

6. 可同时应用于美术字文本和段落文本的字符属性是_____。

A. 首字下沉   B. 字体

C. 缩进   D. 上、下划线

7. 在输入美术字时，要进行换行操作，可以_____。

A. 到达文本框的边框自动换行

B. 到达"绘图页面"的边框自动换行

C. 按Esc键换行

D. 按回车键换行

二、填空题

1. CorelDRAW文字类型包括_____和_____。

2. 将文字转换为_____ 后，可以使用形状工具自由编辑文字。

3. 美术字与段落文本相互转换的快捷键为_____。

4. 要实现段落首行空2字的效果，应设置_____参数。

三、上机题

1. 打开随书所附光盘中的文件"第8课\8.11 题1-素材.cdr"，如图8.99所示，结合本课讲解的输入与格式化文本的知识，制作得到如图8.100所示的效果。

图8.99 素材图像

图8.100 制作的效果

2. 打开随书所附光盘中的文件"第8课\8.11 题2-素材1.cdr"，然后将"8.11 题2-素材2.txt"中的文本导入到页面右侧的空白处，得到如图8.101所示的效果。

图8.101 制作的效果

3. 使用上一步导入的文本，对其进行格式化处理，直至得到如图8.102所示的效果。

图8.102 制作的效果

第9课
字效设计：文本高级控制

在上一课中，我们已经学习了创建与格式化文本等基础知识，此外文字也可以与图形相结合，或直接将文字转换为图形，通过编辑图形的形态，改变文字的整体效果，如制作异形文字、路径绕排文字以及区域文字等，本课就来讲解其相关知识。

9.1 字效设计概述

9.1.1 字效设计的概念

字效设计是指标准印刷字体之外的文字,是伴随着现代文明程度的提高,社会思潮的更新及信息交往的频繁,而产生的具有鲜明个性的创意字体。在广告、招贴、海报、书籍封面等各个设计领域,特效文字均被广泛应用。图9.1所示就是一些纯粹的字效设计及应用于不同领域中的字效作品。

图9.1 字效设计示例

特效文字除了应用于以上领域外,还作为标志(Logo)被广泛应用于企业的识别系统中。

9.1.2 字效的4种创意设计方法

无论汉字还是拉丁字体,任何文字的形成、变化都无法脱离基本笔形、质感或维度三种定义,因此这三者也是特效文字的创意源点,在创意设计时从这三个方面的任意一点出发,或者综合运用这三个方面的设计元素,就能够使设计工作沿着明确的创意思路发展,得到令人眼前一亮的特效文字。

修改文字基本形态

笔形,即文字的形态,是文字构成的本质性因素之一,任何一种文字风格的构成,基本上都取决于字体基本笔形。例如,黑体文字的笔形与楷体截然不同,而黄草体与彩云体又各不相同,实际上造成文字间如此大区别的正是文字的点、横、竖、撇、捺等,由此我们可以清楚地看出，文字的基本笔形不仅是决定文字外观效果的本质性因素，也是文字创意的根本源点之一。

由基本形态变化创意文字的方法是指，通过各种方法将文字的外形改变为不同的形态，例如，球形、散点形、方格晶体形等等，或使文字从外形上断裂、破碎、相连，从而获得具有非凡创意效果的文字。如图9.2所示的特效文字均为通过此方法获得的特效文字，可以看出文字的外形皆非普通字体所能够具有的外形。

图9.2 形态变化创意文字示例

修改文字质感

文字质感是指为文字赋予某种肌理后，使其产生质感，从而得到的一类特效文字，由于不同的质感能够引发人们不同的联想，因此当我们为文字赋予质感后，就能够使文字更加生动，从而更加准确地传达文字的内涵。

修改文字维度

大部分文字是平面的，很显然这种平面在某种程度上会引起视觉的平淡化，因此有时需要通过各种手段使文字在维度方面发生变化，也就是使文字具有厚度、景深及透视等效果，这样即可创意出新的特效文字。例如，如图9.3所示的文字均为具有立体效果的特效文字。

图9.3 具有立体效果的特效文字

前面已经提到过，基本笔形、质感或维度这三者是可以结合的，而结合出来的效果更加丰富和完美。如之前列举过的例子，在制作金属质感的文字时，将质感和维度结合能更加充分地表现出我们想要的效果，使文字既具有金属的光泽又有体积感，让人联想到力量和震撼。

使文字形、意合一

形意文字是指以文字为基本元素，通过对文字局部的置换、文字笔划编辑或者简单图形的添加，使整体文字具有一种图形化的效果，从而使文字在具有传达意义的同时，还具有视觉化的可观赏效果，达到形、意合一的效果，如图9.4所示。这样能够使文字在不失去原意的情况下，具有更强的可读性、可识性、新奇性、装饰性等。由于汉字是表意字，每一个汉字均有独立的意义，因此相对于表音的拉丁文而言，在创作形意特效文字方面具有独特的优势。

图9.4 形意文字效果示例

9.2 将文本转化成为曲线

9.2.1 将文本转化成为曲线的优点

通过将文本转换为曲线，可以让操作者像编辑普通路径一样编辑这些具有文字外形的特殊路径，从而创造出多种多样的个性化文字。

在如图9.5所示的标志作品中，都对文本的形态做了较大的修改，以得到与主题更相符也更美观的文字效果。如图9.6所示是在其他商业设计类型中特殊文字效果的应用示例。

图9.5 标志作品

图9.6 其他商业作品中的异形文字

将文字转换为曲线还有另外一个优点，如果当前操作的文件放置在一台没有该文件中使用的字体的电脑中，通常会由于字体缺失而出现文字代替问题，从而改变了原文件中作品的效果，但如果将该文件中的文字转换为曲线，则无论在哪台电脑中都可以展示原始的效果。

9.2.2　将文本转化成为曲线的方法

美术字及段落文本均可以被转换成为曲线，通过此操作后，这些文本会保留其外形、位置、角度等属性，转换曲线有以下两种方法：

★　选择文本后选择"排列"|"转换为曲线"命令将其转化为曲线。
★　选择文本后按快捷键Ctrl+Q将其转换为曲线。

提示：

在将段落文字转化为曲线时，没有显示在文本框内的文字将会被删除。

9.2.3　实战演练：华丽变形字效设计

下面通过一个简单的实例，来讲解将文本转换为曲线，并通过编辑图形制作得到艺术文字的操作方法。

01 打开随书所附光盘中的文件"第9课\9.2.3 实战演练：华丽变形字效设计-素材.cdr"，如图9.7所示。

图9.7 素材图像

02 单击工具箱中的文本工具 **字** 并在"属性栏"中设置适当的参数，如图9.8所示。在绘图区输入文字"炫色娇点"，并设置其填充色为"洋红"，轮廓色为无，得到如图9.9所示的文字。

图9.8 设置"属性栏"

炫色娇点

图9.9 设置文字效果

03 单击变换工具🖑，在其"属性栏"中选择自由倾斜工具✐，然后对文字进行倾斜处理，得到如图9.10所示的效果。

炫色娇点

图9.10 倾斜文字

04 按Ctrl+Q快捷键或选择"排列"|"转换为曲线"命令，将文字转换为曲线。

05 首先来编辑"炫"字，使用形状工具🖑选中炫字左下角的一些节点，如图9.11所示，按Delete键将其删除，并调整剩余节点的位置，得到如图9.12所示的效果。

06 继续使用形状工具🖑对左下角的笔划进行细致的调整，直至得到如图9.13所示的效果。

图9.11 选中节点　　　图9.12 编辑文字形状　　　图9.13 编辑后的效果

07 对其他文字的形态进行改变，直至得到如图9.14所示的效果。

图9.14 倾斜文字

08 将编辑好的文字置于绘图区的广告中，得到如图9.15所示的效果，将其设置为白色后的效果如图9.16所示。

图9.15 摆放文字

图9.16 设置文字为白色

09 选中文字并按小键盘上的+键进行复制，然后选择"位图"|"转换为位图"命令，在弹出的对话框中将"分辨率"数值设置为300，单击"确定"按钮退出对话框。

10 选中上一步转换为位图后的文字，选择"位图"|"模糊"|"高斯式模糊"命令，在弹出的对话框中进行参数设置，如图9.17所示，最后得到如图9.18所示的效果。

图9.17 "高斯式模糊"对话框

图9.18 最终效果

9.3 沿路径绕排文字

CorelDRAW是一个功能强大的矢量绘图软件，同时也具有强大的图文混排功能，能制作各种各样的图文混排效果，其中包括使文本沿路径进行排列。

9.3.1 制作文字绕排路径效果

要制作文字绕排路径的效果，首先需要绘制一条路径，并输入要绕排的文本，如图9.19所示，使用选择工具 按住Shift键选中输入的文字及绘制的曲线，选择"文本"|"使文本适合路径"命令，得到如图9.20所示的绕排效果。

图9.19 输入文字

图9.20 使文本适合路径后的效果

除了先输入文字再将其与路径结合在一起外，我们也可以将文本工具 直接置于路径上，此时光标将变为 状态，如图9.21所示，单击以插入文本光标，即可输入文字。

图9.21 直接在路径上插入光标

9.3.2 实战演练：缤纷绕排文字效果设计

本例主要是利用输入路径绕排文字功能，制作出特殊排列的文字效果，其操作步骤如下：

01 选择"文件"|"打开"命令，在弹出的对话框中选择要打开随书所附光盘中的文件"第9课\9.3.2 实战演练：缤纷绕排文字效果设计-素材.cdr"，单击"打开"按钮，得到如图9.22所示的背景效果。

图9.22 背景效果

02 下面通过路径制作沿路径绕排文字的效果。选择贝塞尔工具，在背景图像喇叭右侧绘制曲线路径，单击"调色板"的无填充色块，将填充设置为无填充，右击"调色板"的黑色色块，将轮廓设置为黑色，并在"属性栏"上设置"轮廓宽度"为0.2mm，得到如图9.23所示的效果。

图9.23 绘制路径

03 选择文本工具字，将光标置于路径上，直至出现如图9.24所示的光标状态，然后单击鼠标左键，以确认光标位置输入文字，直至得到如图9.25所示的效果。

图9.24 光标状态

图9.25 输入文字

04 拖动光标将文字选中，在"属性栏"上设置如图9.26所示，在"对象属性"泊坞窗中设置其填充色，如图9.27所示，得到如图9.28所示的效果。

图9.26 设置"属性栏"

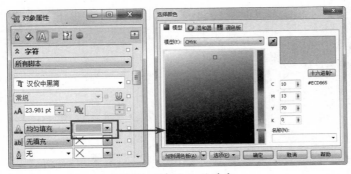

图9.27 "颜色"泊坞窗

图9.28 设置颜色

提示：

至此，沿路径绕排文字的效果，已经制作完毕，下面使用另一种方法，制作沿路径绕排文字的效果。

05 选择贝塞尔工具，在背景图像喇叭右侧绘制曲线路径，单击"调色板"的无填充色块，将填充设置为无填充，右击"调色板"的黑色色块，将轮廓设置为黑色，并在"属性栏"上设置"轮廓宽度"为0.2 mm，得到如图9.29所示的效果。

06 选择文本工具，在背景图像任意位置单击以插入光标，设置"属性栏"如所示，然后在喇叭下方输入文字如图9.30所示。

图9.29 绘制路径

图9.30 输入文字

提示：

在输入文字时，如果想要对文字的字间距进行调整，可以选择形状工具，在文字右下角的字间距控制标记上进行向左或右拖动，即可改变字间距。

07 选择"文本"|"使文本适合路径"命令，此时光标出现如图9.31所示的状态，单击鼠标左键在路径上出现绕排的文字，如图9.32所示。

图9.31 光标状态

图9.32 应用"使文本适合路径"命令后的效果

08 选择文本工具，拖动光标将文字选中，并在"属性栏"上设置"水平偏移"数值为3.702 mm，如所示，得到如图9.33所示的效果。

09 接着在"对象属性"泊坞窗中，设置字符的特殊属性如图9.34所示，得到如图9.35所示的效果，选择选择工具，单击工作台空白位置，此时得到如图9.36所示的效果。

图9.33 水平偏移后的效果

图9.34 "字符格式化"泊坞窗

图9.35 调整字符位移的效果

图9.36 单击工作台空白位置后的效果

10 下面按照前面制作沿路径绕排文字的方法，制作其他文字绕排路径的效果，直至得到如图9.37所示的效果。处理完成后，原来的路径线已经没有再显示出来的必要，因此可以将所有的绕排文字选中，在调色板中将其轮廓色设置为无，从而去除路径线，如图9.38所示。

图9.37 制作其他文字后的效果

图9.38 最终效果

在制作文字绕排效果时，要注意在"属性栏"上文字方向的设置。

9.3.3 修改路径的形状

使用形状工具选中用于绕排文字的路径，也可以继续修改其形态，其编辑方法与编辑正常的路径基本相同，但需要注意的是，在文字与路径的距离非常近的时候，很容易出现误操作，正确的情况下，选中路径后的状态如图9.39所示，而如果误操作选中了文字，将显示如图9.40所示的状态。

图9.39 显示路径

图9.40 选中路径上的文字

图9.41所示就是修改了各路径形态后的效果，可以看出，对应的文字效果也发生了变化。

图9.41 修改路径形态后的效果

9.3.4 路径绕排文字的属性设置

在选中一个路径绕排文字后，"属性栏"将变为如图9.42所示的状态。

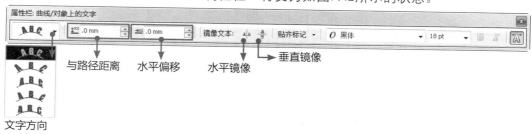

图9.42 设置"属性栏"

下面来讲解一下"属性栏"中的各个参数。

★ 文字方向：在此下拉菜单中，可以设置文字在路径上排列时的方向，例如图9.43所示是选择不同方向时的效果。

图9.43 设置不同文字方向时的效果

★ 与路径距离：在此可以设置文本与路径

之间的距离，当数值为正数时，向外侧增加文字与路径之间的距离，如图9.44所示；当数值为负时，则向内侧增加距离，如图9.45所示。

图9.44 向外增加距离

图9.45 向内增加距离

★ 水平偏移：此参数可以控制文字在路径上的起始位置，如图9.46所示。

图9.46 设置水平位移

★ 水平翻转按钮🔳：单击此按钮可以让文字以路径为轴进行水平翻转。

★ 垂直翻转按钮🔳：单击此按钮可以让文字以路径为轴进行垂直翻转，如图9.47所示。

图9.47 垂直翻转后的效果

9.3.5 拆分路径绕排文字

拆分路径绕排文字是将已经应用"使文本适合路径"命令后的文本对象与路径分开，使之成为独立的两个对象。

在选中路径绕排文字的情况下，选择快捷键Ctrl+K或选择"排列"|"拆分在一路径上的文本"命令即可。值得一提的是，在拆分路径绕排文字后，文字的绕排形态不会发生变化，只是不再与路径对象结合在一起。

9.4 制作图文绕排

通过将段落文本环绕在对象、美术字或段落文本框周围，可以制作出图文绕排的页面效果。我们可以在选择一个对象的情况下，在其"属性栏"中单击文本换行按钮🔳，此时将弹出如图9.48所示的泊坞窗。

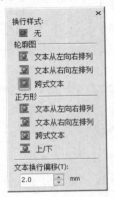

图9.48 设置图文绕排

设置图文绕排的操作方法非常简单，我们可以绘制一个图形，以确定要绕排的区域，然后大致摆放好文本的位置，再选中图形为其设置适当的绕排方式即可。

以图9.49所示的图像为例，其中蘑菇图像以外的黑色线条就是用于制作绕排的图形，图9.50所示是将其绕排方式设置成为"跨式文本"选项后的效果，为照顾整体的美观程度，笔者在设置绕排后，将图形的轮廓色设置为无。

图9.49 素材图像

图9.50　绕排后的效果

虽然，上面讲解是如何将段落文本绕排在一个图形的周围，但其操作方法对于美术字同样适用。

9.5 字效设计综合实例：立体拖尾文字设计

本例主要是利用将文字转换成为曲线，然后对其形态进行编辑，并进行立体化处理，从而制作得到立体拖尾文字效果，其操作步骤如下：

01 选择"文件"|"打开"命令，在弹出的对话框中选择要打开随书所附光盘中的文件"第9课\9.5 字效设计综合实例：立体拖尾文字设计-素材1.cdr"，单击"打开"按钮，得到如图9.51所示的背景效果。

02 选择文本工具，在背景图像左侧任意位置单击以插入光标，输入文字"生鲜购物月"，设置文字效果及属性，得到如图9.52所示的效果。

图9.51　背景图形

图9.52　输入及设置文字

03 选择形状工具，将鼠标锁定在文字右下角的字间距控制标记上，如图9.53所示，按住鼠标左键，向左侧拖动，直至得到如图9.54所示的效果。

图9.53　鼠标状态

图9.54　拖动后的效果

04 接着选中"鲜"左下角上的字符控制标记，其会呈黑色显示状态，如图9.55所示。接着在"对象属性"泊坞窗中设置水平位移及垂直位移，如图9.56所示，得到如图9.57所示的效果。

图9.55 呈黑色显示状态　　　图9.56 "字符格式化"泊坞窗　　　图9.57 调整字间距1

05 下面结合形状工具、"对象属性"泊坞窗，调整其他文字的字间距及字号，并利用选择工具调整文字位置，直至得到如图9.58所示的效果。

06 用选择工具选中文字，选择"排列"|"拆分美术字"命令，用选择工具选中"物"字，选择"排列"|"转换为曲线"命令，将"物"字转换为曲线，接着选择形状工具，此时"物"字状态如图9.59所示。

图9.58 调整字间距2　　　　　　　　图9.59 转换为曲线

提示：

按Ctrl+K快捷键可以将当前文字拆分为美术字。此步中并没有将所有的文字拆分的原因是，有的文字并不需要调整编辑。

07 将光标置于"物"字上，如图9.60所示的位置，按住鼠标左键不放垂直向下拖动一定距离，如图9.61所示，释放鼠标左键直至得到如图9.62所示的效果。

图9.60 鼠标指针摆放状态　　　图9.61 拖动的状态　　　图9.62 拖动后的效果

08 接着将光标置于"物"字上如图9.63所示的位置，按住鼠标左键不放向右下方拖动一定距离，释放鼠标左键直至得到如图9.64所示的效果。按照同样的方法，继续调整"物"字，直至得到如图9.65所示的效果。

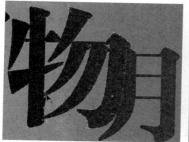
图9.63 鼠标指针摆放状态

图9.64 调整后的效果

图9.65 继续调整"物"字

 提示：

从图形效果中可以看到"物"字已经将"月"字遮盖了，下面来调整"物"字。

09 使用选择工具，选中"物"字，然后向左拖动右侧中间的控制句柄，以缩小其宽度，得到如图9.66所示的效果。

图9.66 水平缩放文字

10 继续编辑"物"字，直至得到如图9.67所示的效果，接着结合"转换为曲线"命令及形状工具，将"鲜"字下方的横笔画去掉，得到如图9.68所示的效果。使用选择工具选中文字并将文字水平倾斜-5度，得到如图9.69所示的效果，调整文字整体效果，如图9.70所示。

图9.67 继续编辑"物"字

图9.68 将"鲜"字下方的横笔画去掉

图9.69 水平倾斜文字

图9.70 调整文字整体效果

11 下面结合贝塞尔工具 🖉 及星形工具 ☆、交互式调和工具 🖺，在文字周围绘制曲线图形及制作
星形路径，直至得到如图9.71所示的效果。

图9.71 制作曲线及星形图形

12 使用选择工具 🖟，分别选中文字及曲线等图形，将填充设置为（C：100、M：30、Y：100），
轮廓设置为黄色，直至得到如图9.72所示的效果。

图9.72 设置填充及轮廓颜色

13 使用选择工具 🖟，分别选中文字及曲线等图形，按Ctrl+G快捷键进行群组操作，并复制出一
个，更改填充色为黄色，使用交互式立体化工具 🖟 并调整图形顺序，然后利用随书所附光盘中
的文件制作立体图形效果，直至得到如图9.73所示的最终效果，局部效果如图9.74所示。

图9.73 最终效果

图9.74 局部效果

提示：

　　复制图形的目的是，保留绿色图形，方便下面制作立体文字。

9.6 学习总结

　　在本课中，主要讲解了文本的一些特殊编排方法。通过本课的学习，读者应掌握将文本转换为曲线后，对其形态进行编辑，从而制作得到异形特效文字的方法。同时，还应该熟悉结合文本与图形，制作出路径绕排文字与区域文字的方法。

9.7 练习题

一、选择题

　　1. 使用"使文字适合路径"命令后，文字没有适合路径，可能因为_____。

　　　A. 文字是段落文本

　　　B. 文字为美术字文本

　　　C. 文字是曲线

　　　D. 路径上已有一段文字

　　2. 下面哪种情况下段落文本无法转换成美术字文本？_____

　　　A. 文本被设置了间距

　　　B. 文本中有英文

　　　C. 文本被填色

　　　D. 运用了交互式封套

　　3. 对美术字文本而言，必须将其转换为曲线后才能实现的是_____。

　　　A. 使用形状工具改变字符的形态

　　　B. 进行图样填充

　　　C. 确保文本在缺少字体的情况下也不影响观看

　　　D. 调整文本的上下位置

　　4. 要将路径绕排文字中的文本与路径分离，可以_____。

　　　A. 选择文本与路径，然后选择"排列"|"取消群组"命令

　　　B. 选择文本与路径，然后选择"排列"|"拆分在一路径上的文本"命令

　　　C. 选择文本与路径，然后选择"排列"|"转换为曲线"命令

　　　D. 按住Alt键双击文本

二、填空题

　　1. 选中文本后，按_____键可以将其转换为曲线。

　　2. 要拆分路径绕排文字，可以选择"排列"菜单中的_____命令，或按_____键。

　　3. 要改变路径绕排文字中的文字上下位置，可以使用_____工具进行调整。

三、上机题

　　1. 打开随书所附光盘中的文件"第9课\9.7 题1-素材.cdr"，如图9.75所示，在其中输入文

字"宏业骏开",结合本课所学的知识,制作出如图9.76所示的效果。

图9.75 素材图像　　　　　　　　　　图9.76 编排后的效果

2. 打开随书所附光盘中的文件"第9课\9.7 题2-素材.cdr",如图9.77所示,将左下方的人物图像与文本之间进行混排处理,得到如图9.78所示的效果。

图9.77 素材图像　　　　　　　　　　图9.78 编排后的效果

第10课
装帧设计：导入与编辑位图

CorelDRAW除了是一个强大的矢量图软件外，同时还提供了比较丰富的位图处理功能，可以根据实际的工作需要，导入或编辑位图，让作品更美观、精彩。在本课中，将讲解关于位图的一些基本操作，如导入、链接、颜色遮罩及位图与矢量图的相互转换等。

10.1 装帧设计概述

10.1.1 装帧设计的基本元素

从书籍装帧的角度，目前的书籍可以划分为平装本、精装本、豪华本、珍藏本4类。平装本一般价格便宜、普及广、印数大，装帧较为简单；精装本使用的材料较好，一般加入硬的外包装以便保存；而豪华本和珍藏本的价格比较昂贵，通常采用精美的材料，有的甚至选用上等的真皮和金银装饰，或采用仿古的线订方法。

通常情况下，封面设计人员所接触的绝大部分是平装书籍的设计任务，少有精装本，而豪华本、珍藏本更是少之又少，因此本书重点讲解的是平装书籍的封面组成、设计方法与理念。

平装本的封面包括正封(即书籍封面)、书脊(即书背)及封底，这3部分的示意图如图10.1所示。有一些平装书为了增加信息量及装帧效果，还有勒口，如图10.2所示。

图10.1 封面构成示意图

图10.2 具有勒口的图书封面

由于书籍的封面是尺寸不大的设计区域，因此运用好每一种封面的设计元素就显得特别重要。下面讲解在设计封面时可能运用到的各种构成元素。

10.1.2 书脊厚度的计算方法

书脊厚度的计算公式为：印张×开本÷2×纸的厚度。

或者也可以使用公式：全书页码数÷2×纸的厚度。

例如：一本16开的书籍，共有正文314页，扉页、版权页、目录页共14页，使用80克金球胶版纸进行彩色印刷，则其书脊厚度的计算方法如下。

首先，计算整本书的印纸数：

（314+14）÷16印张=20.5印张

然后，按书脊厚度计算公式进行计算：

$20.5 \times 160 \div 2 \times 0.098mm \approx 16mm$

由于已知全书的页码数为328，因此也可以直接使用第二个公式进行计算：

$328 \div 2 \times 0.098mm \approx 16mm$

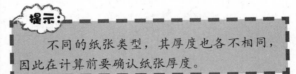

提示：

不同的纸张类型，其厚度也各不相同，因此在计算前要确认纸张厚度。

10.1.3 封面尺寸的计算方法

以16K尺寸的封面为例，其尺寸为宽度×高度=185mm×260mm，其封面的高度就是260mm。而对于封面的宽度，则需在设计时将正封、书脊与封底三者的宽度尺寸相加。例如当前制作的封面设计文件中，其封面的宽度就应该是：正封宽度+书脊宽度+封底宽度=185mm+12mm+185mm=382mm。

10.1.4 封面设计人员应具备的职业素质

虽然封面设计并不是一个独立的职业，

它与其他平面设计领域的工作并没有本质的区别，但掌握下面一些职业技能，仍然能够提高封面设计方面的职业技能。设计师的素质培养不是一蹴而就的，因此下面关于职业素质方面的原则，需要长期坚持培养。

★ 由于封面设计需要对图书内容有深入理解，因此阅读各类不同图书，对于快速理解图书主题，从而提高工作效率有很大的帮助。

★ 与其他类设计工作一样，封面设计人员所需要面对的除了广大的读者外，还有设计项目的客户，因此也常常面临在自己的设计方案与客户的意见之间折衷的情况，从这一点来说，掌握与客户的沟通技能，就显得非常重要，否则很容易使自己成为操作人员而使客户成为设计人员。

★ 对于一个初入行业的封面设计人员，成长最快的方法是模仿其他优秀图书的封面设计理念，在模仿中不断积累，最终形成自己的风格。因此，至少要记住每一类图书的10个封面设计方案，并能够说出这些方案的优点所在。

★ 点、线、面是平面设计永恒的主题，因此切实掌握构成方面的技巧，并在各种封面设计的项目中磨炼，使自己的构图能力日趋高超，最终成为封面设计高手。

10.2 导入位图图像

10.2.1 导入位图的方法

如果要在CorelDRAW X6中使用位图，就必须先导入一幅或者多幅位图。这种操作可以通过多种途径实现：

★ 按Ctrl+I快捷键。

★ 选择"文件"|"导入"命令。

★ 单击"工具栏"上的导入按钮。

在CorelDRAW X6中导入位图时，还可以进一步设置要导入位图的大小、分辨率以及使用不同的过滤器等操作。

导入位图的具体操作步骤如下：

01 启动CorelDRAW X6。

02 选择"文件"|"导入"命令或单击标准工具栏中的导入按钮，弹出如图10.3所示的"导入"对话框。

图10.3 "导入"对话框

03 选择要导入位图文件所在的位置和要导入的一幅或多幅位图。

04 在"文件类型"下拉菜单中选择要导入的位图扩展名，如.bmp、.jpg等。

05 单击"导入"按钮或者双击要导入的位图文件图标。

06 若单击"导入"按钮后面的三角按钮，在弹出的菜单中可以选择其他的导入方式，其中最常用的就是"导入为外部链接的图像"命令。

07 当返回到CorelDRAW工作窗口时，将光标放在所需导入的位置单击即可导入位图。

> **提示：**
>
> 　　如果在CorelDRAW中一次需要导入多个位图，可以在"导入"对话框中按住 Ctrl 键的同时，在列表中依次单击要导入的多个文件，然后在CorelDRAW工作窗口中单击以原始大小放置位图或者拖动放置位图。另外，按照上述方法，也可以导入矢量图形文件。

■ 10.2.2　实战演练：《体育与健康》封面设计

　　本例主要是利用导入与编辑位图功能，制作完成一款图书封面，操作步骤如下：

01 打开随书所附光盘中的文件"第10课\10.2.2　实战演练：《体育与健康》封面设计-素材1.cdr"，如图10.4所示，其中已经设置好了该封面的尺寸及相关辅助线，便于下面进行各元素的设计与位置安排。

02 按Ctrl+I快捷键，在弹出的对话框中打开随书所附光盘中的文件"第10课\10.2.2　实战演练：《体育与健康》封面设计-素材2.cdr"，将光标置于封面内部，如图10.5所示。

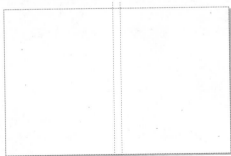

图10.4 素材文件

图10.5 摆放光标位置

03 单击鼠标左键即可将图像导入进来，然后使用选择工具对图像进行适当的放大，并调整其位置，使之覆盖整个封面，如图10.6所示。

04 置入"10.2.2　实战演练：《体育与健康》封面设计-素材3.jpg"，适当调整位置后，得到类似如图10.7所示的效果。

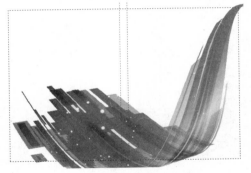

图10.6 摆放图像位置

图10.7 置入素材3图像

05 选择文本工具，在正封上方输入书名"体育与健康"，并在"对象属性"泊坞窗中设置属性，如图10.8和图10.9所示，得到如图10.10所示的效果。

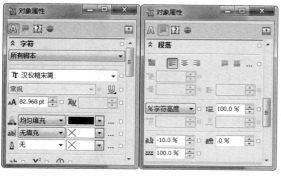

图10.8 设置字符属性　　　图10.9 设置段落属性　　　　　　图10.10 输入文字

06 选中第2步中导入的素材图像，按小键盘上的+键进行原位复制，然后单击"属性栏"上的水平镜像按钮，再将其缩小，置于书名的左下方，如图10.11所示。

07 按Ctrl+PgDn键将其向下调整一层，得到如图10.12所示的效果。

图10.11 摆放图像位置　　　　　　　　图10.12 调整图像的顺序

08 最后，读者可以结合"10.2.2 实战演练：《体育与健康》封面设计-素材4.psd"，及前面讲解过的输入文字等功能，完成封面中的作者姓名、出版社名称、条形码等元素，得到如图10.13所示的效果。

图10.13 最终效果

10.3 管理外部链接图

　　在导入位图时，若选择"导入为外部链接的图像"命令进行导入，此时导入的图像，与直接导入的位图虽然同是使用"导入"对话框中的相关命令来进行的，但是却具有不同的属性。

导入到CorelDRAW X6中的位图已经彻底变成了CorelDRAW X6的一个组成部分，无论要编辑它、修改它都可直接在CorelDRAW X6中进行；而链接的位图则不同，无论何时需要对它进行编辑，都必须在该位图的原创程序中进行。

下面讲解在CorelDRAW中管理外部链接图的方法。

更新链接

如果位图对象是以链接的方式导入到CorelDRAW X6中，那么在对源位图对象进行修改后，可以选择"位图"|"自链接更新"命令更新位图对象。

移除链接

选择"位图"|"断开链接"命令即可断开位图链接。使位图对象成为真正导入到CorelDRAW中的位图对象。

执行"断开链接"命令后的位图，是真正导入到CorelDRAW的绘图页中，作为一个独立的对象处理，即使在源创建程序中更改了该位图，也不会影响导入后的位图对象。

10.4　位图颜色遮罩

10.4.1　创建与设置位图颜色遮罩

使用"位图"|"位图颜色遮罩"命令能够显示和隐藏位图中的某种颜色或者是与这种颜色相近的颜色。使用"位图颜色遮罩"的具体操作步骤如下：

01 单击工具栏中的导入按钮 或按快捷键Ctrl+I执行"导入"操作，导入一幅位图图像。

02 单击工具箱中的选择工具 并选择位图对象。

03 选择"位图"|"位图颜色遮罩"命令，弹出如图10.14所示的"位图颜色遮罩"泊坞窗。

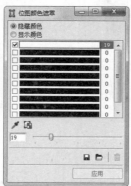

图10.14　"位图颜色遮罩"泊坞窗

04 选择该泊坞窗中的"隐藏颜色"或"显示颜色"选项，可显示或隐藏选择的颜色。

05 单击颜色选择按钮 并调节"容差"滑块中

的滑块可以设置容限值。当容限值为0时，只能精确取色；容限值越大则选择的颜色范围就越大。

06 将吸管形状的光标移动到位图中想要隐藏或显示的颜色处单击，即可吸取该颜色。

07 单击"应用"按钮，可以将设置应用于位图，效果如图10.15所示。

图10.15　颜色的对比效果

> **提示：**
>
> 单击"位图的颜色遮罩"泊坞窗中的编辑颜色按钮 ，可以编辑或重新指定列表框中颜色框的遮罩颜色。

10.4.2 实战演练：上海精菜馆菜谱封面设计

本例主要是利用位图颜色遮罩功能，制作一款菜谱的封面，操作步骤如下：

01 打开随书所附光盘中的文件"第10课\10.4.2 实战演练：上海精菜馆菜谱封面设计-素材1.cdr"，如图10.16所示，其中已经包含了一些菜谱的基本元素，下面为其添加图像并使用位图颜色遮罩功能进行处理。

02 按Ctrl+I快捷键，在弹出的对话框中打开随书所附光盘中的文件"第10课\10.4.2 实战演练：上海精菜馆菜谱封面设计-素材2.jpg"，然后将其适当地放大，并置于菜单正面的顶部位置，如图10.17所示。

图10.16 素材图像

图10.17 摆放图像位置

03 显示"位图颜色遮罩"泊坞窗，单击编辑颜色按钮，在弹出的对话框中选择白色，然后单击"确定"按钮，设置好要隐藏的颜色，如图10.18所示。

04 单击"位图颜色遮罩"泊坞窗底部的"应用"按钮，得到如图10.19所示的效果。

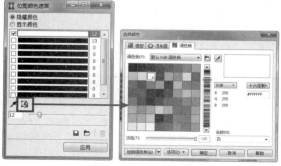

图10.18 设置颜色遮罩

图10.19 处理后的效果

05 保持花朵图像的选中状态，按Ctrl+PgDn键多次，以将其调整至下层，得到如图10.20所示的效果。

06 保持花朵图像的选中状态，按小键盘上的+键进行原位复制，然后使用选择工具按住Shift键向下拖动，直至得到如图10.21所示的效果。

图10.20 调整顺序后的效果

图10.21 复制并调整图像位置

07 下面制作封底上的图像。导入随书所附光盘中的文件"第10课\10.4.2 实战演练：上海精菜馆菜谱封面设计-素材3.jpg"，适当调整其大小及位置，如图10.22所示。

08 在"位图颜色遮罩"泊坞窗中，选择第2行的颜色，单击颜色选择工具 ✎，然后在人物图像周围的红色上单击，如图10.23所示，以隐藏该颜色，得到如图10.24所示的效果。

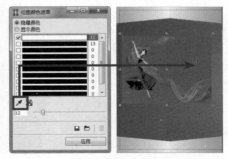

图10.22 摆放图像位置　　　　　　　　图10.23 选择要隐藏的颜色

09 最后选中菜谱正面中的菜馆名称图像，将其复制到封底中，并适当缩小，然后置于顶部中间位置，得到如图10.25所示的整体效果。

图10.24 隐藏颜色后的效果　　　　　　　图10.25 最终效果

10.5 转换矢量图和位图

在CorelDRAW设计中，常常会将矢量图转换为位图，然后进行滤镜等操作。也有一些作品是矢量风格，需要矢量素材来制作，这时也可以将位图转化为矢量图。

10.5.1 将矢量图转换成位图

矢量图转位图，只需要选择需要转化的矢量图，应用"位图"|"转化为位图"命令，弹出如图10.26所示的对话框，设置好后单击"确定"按钮即可。

图10.26 "转换为位图"对话框

10.5.2 将位图图像转换为矢量图形

这种操作有几种命令可以实现，如"线条图"、"徽标"、"详细徽标"等，这些命令都在"位图"|"轮廓描摹"菜单的下面。操作也很简单，只需选择要转换的位图，应用"位图"|"轮廓描摹"|"线条图"命令，弹出如图10.27所示的对话框，设置好后单击"确定"按钮即可。

图10.27 PowerTRACE对话框

10.5.3 实战演练：《盗宝笔记》封面设计

本例主要利用将位图转换为矢量图功能，设计一款图书封面，操作步骤如下：

01 打开随书所附光盘中的文件"第10课\10.5.3 实战演练：《盗宝笔记》封面设计-素材1.cdr"，如图10.28所示，其中已经包含了一些封面的基本组成元素。

02 按Ctrl+I快捷键，在弹出的对话框中打开随书所附光盘中的文件"第10课\10.5.3 实战演练：《盗宝笔记》封面设计-素材2.bmp"，将其置于正封的位置，如图10.29所示。

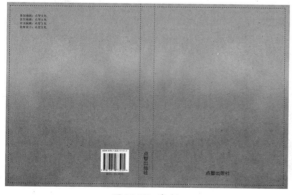

图10.28 素材

图10.29 摆放图像位置

03 选中上一步导入的素材图像，选择"位图"|"轮廓描摹"|"徽标"命令，设置弹出的对话框，如图10.30所示。

04 单击"确定"按钮退出对话框，完成将位图转换为矢量图的处理，得到如图10.31所示的效果。

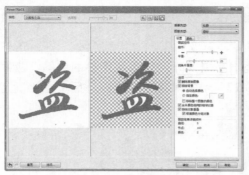

图10.30 PowerTRACE对话框

图10.31 转换为矢量图形后的文字

05 选中转换为矢量图形后的"盗"字，按Ctrl+U快捷键进行解组，然后选中多余的白色图形，按Delete键将其删除，得到如图10.32所示的效果。

06 为"盗"字设置轮廓色为无，填充色为黑色，使用选择工具 适当调整其大小，然后拖至正封的左上方，如图10.33所示。

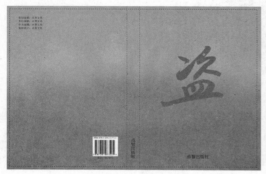

图10.32 删除多余图形

图10.33 调整文字的位置

07 导入随书所附光盘中的文件"第10课\10.5.3 实战演练：《盗宝笔记》封面设计-素材3.gif～10.5.3 实战演练：《盗宝笔记》封面设计-素材5.gif"，分别将各个文字转换为矢量图形，并调整其位置，得到如图10.34所示的效果。如图10.35所示是完善了其他封面元素后的效果。

图10.34 制作其他的书法字

图10.35 最终效果

10.6 装帧设计综合实例：《三宝火锅城》菜谱封面及工艺版设计

本例主要是利用导入、编辑及描摹位图等功能，设计一款菜谱的封面，操作步骤如下：

10.6.1 菜谱封面设计

01 按Ctrl+N快捷键新建一个文件，设置宽度为420mm，高度为297mm。

02 选择"视图"|"显示"|"出血"命令，以显示文档边缘的辅助线，然后从左侧的垂直标尺中拖动出一条垂直线至任意位置，在"属性栏"中设置其X（水平位置）数值为210mm，得到如图10.36所示的状态。

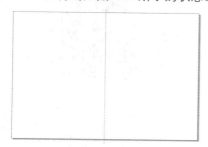

图10.36 添加辅助线后的状态

提示：

若当前没有显示标尺，可选择"视图"|"标尺"命令将其显示出来。

03 选择矩形工具，绘制一个比文档边缘略大（3mm以上）的矩形，设置其轮廓色为无，在"对象属性"泊坞窗中设置其填充色，如图10.37所示，得到如图10.38所示的效果。

图10.37 设置填充属性　图10.38 设置填充后的效果

04 按Ctrl+I快捷键，在弹出的对话框中打开随书所附光盘中的文件"第10课\10.6 装帧设计综合实例：《三宝火锅城》菜谱封面及工艺版设计-素材1.jpg"，并将其置入到封面内部，使用选择工具适当将其放大，置于正封的左侧，如图10.39所示。

图10.39 摆放图像位置

05 下面为图像的两侧增加装饰图形。选择矩形工具，在正封图像的左侧绘制一个矩形条，设置其轮廓色为无，在"对象属性"中设置其填充属性，如图10.40所示，其中从左到右，色标的颜色值分别为（C:1、M:33、Y:81、K:0）、（C:0、M:0、Y:20、K:0）、（C:0、M:20、Y:60、K:20）、（C:0、M:0、Y:20、K:0），得到如图10.41所示的效果。

图10.40 设置填充属性 图10.41 设置填充后的效果

06 选中上一步制作的矩形，按小键盘上的+键进行原位复制，然后使用选择工具将其拖至图像右侧，如图10.42所示。

图10.42 向右侧复制图形

07 下面增加正封中的文字。按Ctrl+I快捷键，在弹出的对话框中打开随书所附光盘中的文件"第10课\10.6 装帧设计综合实例：《三宝火锅城》菜谱封面及工艺版设计-

素材2.gif",如图10.43所示,并将其置入到封面内部。选择"图像"|"轮廓描摹"|"徽标"命令,设置弹出的对话框,如图10.44所示,单击"确定"按钮退出对话框。

图10.43 素材图像

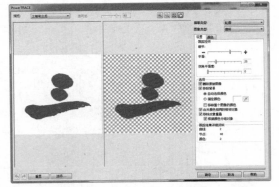

图10.44 PowerTRACE对话框

08 选中上一步转换为矢量图形的文字"三",设置其填充色为白色,轮廓色为无,缩小后置于图像的右上方,如图10.45所示。

09 按照第7~8步的方法,结合"第10课\10.6 装帧设计综合实例:《三宝火锅城》菜谱封面及工艺版设计-素材3.gif~10.6 装帧设计综合实例:《三宝火锅城》菜谱封面及工艺版设计-素材6.gif",分别制作其他的文字,调整后得到如图10.46所示的效果。

图10.45 调整文字的大小 图10.46 制作其他的
　　　　及位置　　　　　　　　书法字

10 选中矢量文字"三宝火锅城",单击"属性栏"上的合并按钮,将它们合并为一个图

形,然后选择属性滴管工具,在图像右侧的矩形上单击,以吸取其填充属性,然后在合并后的文字上单击,为其应用相同的渐变填充色,如图10.47所示。

图10.47 添加渐变后的效果

提示:

由于最终要为"三宝火锅城"文字增加烫金工艺,所以此处的效果仅是作为演示之用。

11 按Ctrl+I快捷键,在弹出的对话框中打开随书所附光盘中的文件"第10课\10.6 装帧设计综合实例:《三宝火锅城》菜谱封面及工艺版设计-素材7.psd",并将其置入到封面内部,使用选择工具适当调整其大小,然后置于文字"三宝火锅城"上方,如图10.48所示。

12 选中上一步置入的图像,按小键盘上的+键进行原位复制,单击"属性栏"上的水平镜像按钮和垂直镜像按钮,再将图像置于文字"三宝火锅城"下方,如图10.49所示。

图10.48 摆放图像的位置　　图10.49 向下复制图形

13 按Ctrl+I快捷键,在弹出的对话框中打开随

书所附光盘中的文件"第10课\10.6 装帧设计综合实例：《三宝火锅城》菜谱封面及工艺版设计-素材8.jpg"，并将其置入到封面内部，使用选择工具 [图] 适当调整其大小，然后将其置于封底的顶部中间处，如图10.50所示。

图10.50 摆放图像位置

14　显示"位图颜色遮罩"泊坞窗，选择第1行颜色，然后单击下面的编辑颜色按钮 [图]，在弹出的对话框中选择白色，如图10.51所示，返回"位图颜色遮罩"泊坞窗后，单击"应用"按钮，得到如图10.52所示的效果。

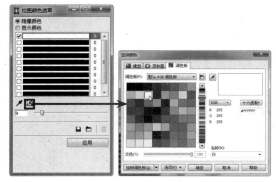

图10.51 设置颜色遮罩

图10.52 处理后的效果

15　选择文本工具 [字]，单击其"属性栏"上的将文本更改为垂直方向按钮 [图]，并设置适当的字符属性，在上一步编辑的图像下方中间处，输入文字"中华传统饮食"，如图10.53所示。

16　选择椭圆形工具 [图]，按住Ctrl键绘制一个正圆形，然后再次绘制一个略小一些的正圆形，按照图10.53所示摆放。选中这两个圆形，单击移除前面对象按钮 [图]，再设置运算后的图形颜色为黄色，得到如图10.54所示的效果。

图10.53 输入文字　　图10.54 绘制图形

17　选择"位图"|"转换为位图"命令，设置弹出的对话框如图10.55所示，单击"确定"按钮退出对话框。

图10.55 "转换为位图"对话框

18　选择"位图"|"模糊"|"高斯式模糊"命令，设置弹出的对话框如图10.56所示，得到如图10.57所示的效果。

图10.56 "高斯式模糊"对话框

图10.57 模糊后的效果

19 最后，可使用文本工具 🖹 输入文明文字，结合适当的字符属性，制作得到如图10.58所示的最终效果。

图10.58 最终效果

10.6.2 制作烫金工艺版

01 打开上一部分中编辑完成的文件。选中文字"三宝火锅城"，按Ctrl+X快捷键执行剪切操作，得到如图10.59所示的效果。按Ctrl+S快捷键保存对文件的修改。该文件可用于标准印刷的部分，而文字"三宝火锅城"将在后期添加烫金工艺，因此在印刷文件中要将其删除。

图10.59 剪切文字后的效果

02 按Ctrl+Shift+S快捷键，在弹出的对话框中以其他名称命名，然后保存起来，该文件将作用烫金的工艺版文件。

03 按Ctrl+A快捷键选中所有的对象，按Delete键将它们删除，然后按Ctrl+V快捷键将第1步剪切的文字粘贴进来，得到如图10.60所示的效果。

图10.60 粘贴文字内容

04 选中"三宝火锅城"，设置其填充色为黑色，轮廓色为无，得到如图10.61所示的效果。设置完成后，保存此文件即可。

图10.61 工艺版文件的效果

10.7 学习总结

在本课中，主要讲解了导入与编辑位图的基础知识。通过本课的学习，读者应掌握导入与管理位图链接的相关知识，同时还应该熟悉位图颜色遮罩、位图与矢量图间相互转换的方法，为后面学习更多与位图相关的知识，打下坚实的基础。

10.8 练习题

一、选择题

1. 导入位图的正确步骤是_____。

① 选择"文件"|"导入"命令　　　② 选择文件并单击导入按钮

③ 选择存储位图的文件夹　　　　④ 单击要放置位图的位置

A. ④-②-①-③　　　　　　　　B. ③-②-①-④

C. ①-③-②-④　　　　　　　　D. ①-②-③-④

2. 按以下哪个快捷键可以打开"导入"对话框？_____

A. Ctrl+U快捷键　　　　　　　B. Ctrl+P快捷键

C. Ctrl+I快捷键　　　　　　　D. Ctrl+L快捷键

3. 要在 CorelDRAW 中得到位图，下列可行的方法是？_____

A. 利用 CorelDRAW 的绘图工具直接绘制位图

B. 利用"文件"|"导入"命令导入位图

C. 利用"位图"|"转换为位图"命令将矢量图形转换为位图

D. 利用"文件"|"打开"命令打开一个位图文件

4. 在 CorelDRAW 中导入位图时可将位图链接。对于链接位图的优劣点，下列说法正确的是？_____

A. 链接位图后不可以添加阴影效果

B. 链接位图可以减小文件大小

C. 链接位图仍可以应用"位图"|"模糊"子菜单的命令

D. 链接位图可以更改其颜色模式

5. 如果希望对一个矢量图形应用"位图"菜单中的滤镜，下面哪一种操作方法是正确的？

_____

A. 右键单击此矢量图形，在弹出的菜单中选择"锁定对象"命令

B. 选择此矢量图形并选择"位图"|"转换为位图"命令

C. 右键单击此矢量图形，在弹出的菜单中选择"叠印填充"命令

D. 按住 Ctrl + Shift 键的情况下用右键双击此矢量图形

二、填空题

1. 在设置位图颜色遮罩时，调节_____滑块中的滑块可以设置容限值。当容限值为0时，只能精确取色；容差值越_____则选择的颜色范围就越大。

2. 选择"位图"菜单中的_____命令，可以在不弹出对话框的情况下，快速将位图转换为矢量图。

3. 按_____键，在弹出的对话框中，即可以导入位图，也可以导入矢量图。

三、上机题

1. 打开随书所附光盘中的文件"第10课\10.8 题1-素材1.cdr"，如图10.62所示，将随书所附光盘中的文件"第10课\10.8 题1-素材2.cdr"（如图10.63所示）和随书所附光盘中的文件

"第10课\10.8 题1-素材3.cdr"（如图10.64所示）导入其中，并将素材3中的文字转换为矢量图，最终调整得到如图10.65所示的效果。

图10.62 素材1

图10.63 素材2

图10.64 素材3

图10.65 处理得到的效果

2. 在处理上一题中的"贺年"文字时，不将其转换为位图，而是使用位图颜色遮罩，将文字以外的白色去除掉。

第11课
广告设计：位图调色与特效处理

CorelDRAW作为一款矢量图软件，在位图方面也提供了很多高级调整功能，在上一课中，已经了解了与位图相关的一些基础知识，在本课中，将深入学习对位图进行调色及特效（滤镜）处理的方法。

11.1 广告设计概述

■ 11.1.1 平面广告的设计原则

广告的设计原则主要包括真实性、创新性、形象性及感情性原则。

真实性原则

平面广告的真实性首先是其宣传的内容、感性形象以及情感等方面都应该是真实的，应该与推销的产品或提供的服务相一致。为了保证广告的真实性，最好的方法莫过于将有关内容的照片刊登于广告中，如图11.1所示。

图11.1 广告设计示例

感情性原则

人们的购买行动受感情因素的影响很大，消费者在接受平面广告时一般要遵循一定的心理活动规律。人们在购买活动中的心理活动规律通常可以概括为引起注意，产生兴趣，激发欲望和促成行动等4个过程，这4个过程自始至终充满着感情的因素。

要在平面广告中极力渲染感情色彩，烘托商品给人们带来的精神美的享受，诱发消费者的感情，使其沉醉于商品形象所给予的欢快愉悦之中，从而产生购买的欲望，如图11.2所示。

图11.2 广告设计示例

形象性原则

产品形象和企业形象是品牌和企业以外的心理价值，是人们对商品品质和企业感情反应的联想，现代平面广告设计要重视品牌和企业形象的创造。

可以说，每一项平面广告活动和每一个平面广告作品，都是对商品形象和企业形象的长期投资。因此应该努力遵循形象性原则，在平面广告设计中注重品牌和企业形象的创造，如图11.3所示。

图11.3 广告设计示例

创新性原则

平面广告设计的创新性原则实质上就是个性化原则，它是差别化设计策略的体现。个性化内容和独创的表现形式的和谐统一，显示出平面广告作品的个性与设计的独创性，例如图11.4经典的苹果iPod广告，就以极富新意的表现形式，获得用户的一致好评和极佳的宣传效果。

图11.4 广告设计示例

11.1.2 平面广告的构成要素

目前，市场上充斥着各种各样的广告，要使自己的广告作品脱颖而出，在设计和制作广告时达到游刃有余的境界，就必须深入、全面地了解平面广告的构成要素。只有这样，才能在面对各类不同的平面广告时，做到"处变不惊"，并且洞察其本质，不被其外表或表现手法所蒙蔽。构成平面广告的要素大致相同，下面介绍其各个要素及其诉求功能。

标题

标题是表达平面广告主题的短句，标题有主标题与副标题之分。主标题的功能在于吸引读者视线，并引导至平面广告正文；副标题的功能在于补充和延展主标题的说明，或强调主标题的意义。标题必须配合插图放于广告的显著位置，并有利于广告的视觉流程引导。

标语

标语的主要功能在于表达企业的目标、主张、政策或商品的内容、特点、功能等，它必须易读、易记并具有强化商品印象的功能。

由于标语将被反复地诉求，因此必须要求容易记忆，并有一定的号召力，通俗而具有现代感。标语首先必须是具有特定意味的、意义完整的句子，并且可以放在平面广告版面的任何位置，有时甚至可以取代标题置于平面广告版面的显著地位。

例如图11.5中所示的Nike运动鞋广告中的标语为"摔不死，就再来吧。"，是以特效文字的形式置于场景中。实际上，该系列广告的主标语是右下角的Just Do It，而"摔不死，就再来吧。"则属于副标语，用于与画面整体相契合。

图11.5 Nike运动鞋广告

说明文

说明文即为平面广告方案的正文，是针对目标诉求对象的功能或特点所进行的具体而真实的阐述。说明文必须能有效地强调平面广告产品或服务的魅力与特点，而且要有趣味性及针对性。

商标

商标决不仅是一个单纯的装饰物，除去它所具有的法律意义以外，其造型的视觉效果，要求能够有效地强化人们对产品的印象，加深记忆，并能起到引起注意和易于记忆的平面广告诉求效果。

商品名称

商品名称是为区别于其他产品而取的名字，其首要功能在于能"有效区别"和"不会混淆"。产品名称不仅要给人深刻的印象、容易记忆、意义美好的感觉与联想，而且易读好写，便于传播，以便成为信用的代表、传统的象征。

在字体方面，商品名称应具有特定的字体，以区别于一般名称，并应有良好的视觉传达效果，字体个性突出，富有美感。

插图

此处所指的插图即传达平面广告内容的图像，它是提高平面广告视觉注意力的重要元素，能够极大地左右平面广告的传播效果。现代人的生活节奏较快，因此很少有时间去仔细阅读广告的内文，而图片比文字更容易在短时间内让人们明白平面广告所传达的信息，因此在设计时需要格外注意。

11.2 调整位图色彩

11.2.1 调合曲线

"调合曲线"命令是通过控制单个像素值来精确地校正颜色。通过改变像素亮度值，可以改变阴影、中间色调和高光。选择"效果"|"调整"|"调合曲线"命令，弹出"调合曲线"对话框，如图11.6所示。

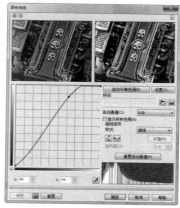

图11.6 "调合曲线"对话框

在该对话框的"样式"中下拉菜单中可以选择"曲线"、"直线"、"手绘"或"伽玛值"中的一种，即可控制色调的曲线样式，不同的曲线样式对图像的色调的控制效果也是不一样的。用鼠标拖动曲线，根据两边的坐标来改变曲线的形状，可以得到不同的调和效果。单击按钮或按钮即可改曲线的不同方向，单击"重置活动色频"按钮即可恢复曲线的设置，单击"自动平衡色调"按钮可对设置的曲线进行改正，使明暗对比始终保持平衡。

11.2.2 实战演练："天一方"楼盘广告主体图像处理

01 打开随书所附光盘中的文件"第11课\11.2.2 实战演练："天一方"楼盘广告主体图像处理-素材1.cdr"，如图11.7所示。在本例中，将对氢气球图像进行色彩及对比度的处理。

02 选中氢气球图像，选择"效果"|"调整"|"调合曲线"命令，在"活动通道"下拉菜单中选择"青色"选项，如图11.8所示。

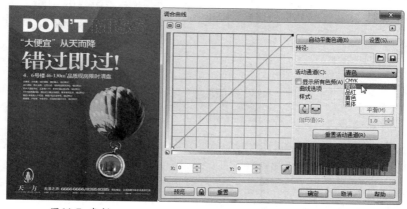

图11.7 素材　　　　　图11.8 "调和曲线"对话框

03 在左侧的框中向下拖动曲线，以减少青色，增加红色，如图11.9所示，得到如图11.10所示的效果。

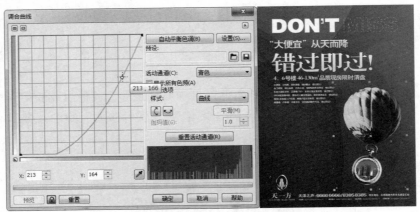

图11.9 向下拖动曲线　　　　　　　　　图11.10 调整后的效果

04 在"活动通道"下拉菜单中选择"洋红"选项，调整其曲线，如图11.11所示，使图像的红色更明显，如图11.12所示。

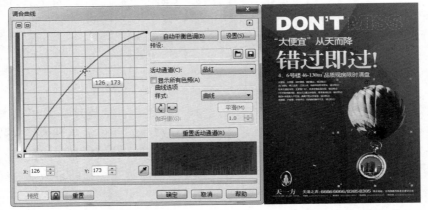

图11.11 向上拖动曲线　　　　　　　　　图11.12 调整后的效果

05 在"活动通道"下拉菜单中选择"黄色"选项，调整其曲线，如图11.13所示，使图像的黄色更明显，如图11.14所示。

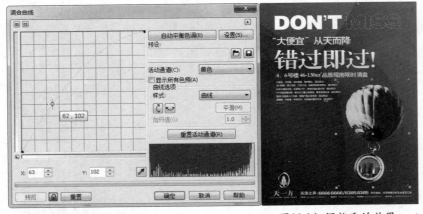

图11.13 向上拖动曲线　　　　　　　　　图11.14 调整后的效果

06 在"活动通道"下拉菜单中选择"黑色"选项，调整其曲线，如图11.15所示，使图像的黑色更明显，进而增强图像的对比度，如图11.16所示。

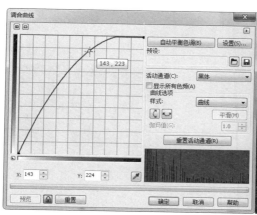

图11.15 向上拖动曲线　　　　图11.16 调整后的效果

07 在"活动通道"下拉菜单中选择"CMYK"选项，调整其曲线，如图11.17所示，以进一步调整图像的对比度，如图11.18所示。

08 设置完成后，单击"确定"按钮退出对话框。

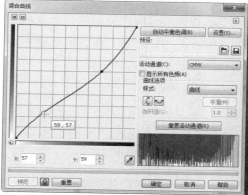

图11.17 向下拖动曲线　　　　图11.18 调整后的效果

11.2.3 亮度/对比度/强度

使用"亮度/对比度/强度"命令可以调整所有颜色的亮度以及浅色与深色区域之间的差异。

选择"效果"|"调整"|"亮度/对比度/强度"命令，弹出"亮度/对比度/强度"对话框，如图11.19所示。在该对话框中拖动"亮度"上的滑块可以调整图像的明亮程度。向左拖动，亮度减小，最小值为-100；向右拖动，亮度增加，最大值为100。拖动"对比度"上的滑块可以调整图像的对比度，向左拖动滑块减小对比度，向右拖动滑块增加对比度。拖动"强度"上的滑块可以调整色彩强度，向左拖动滑块减少强度值，向右拖动滑块增加强度值，如图11.20所示是使用此命令处理前后的对比效果。

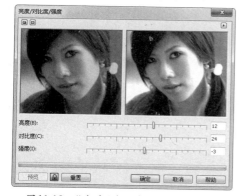

图11.19 "亮度/对比度/强度"对话框　　　　图11.20 应用"亮度/对比度/强度"前后的对比效果

▌11.2.4 颜色平衡

"颜色平衡"命令允许设置输入值来将位图中颜色最深的像素映射到黑色,将最浅的像素映射到白色,从而提高对比度。选择"效果"|"调整"|"颜色平衡"命令,弹出"颜色平衡"对话框,如图11.21所示。

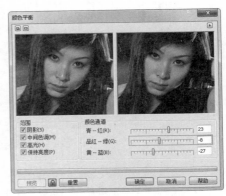

图11.21 "颜色平衡"对话框

在此对话框中,选择"阴影"选项可以在绘图的阴影区域校正颜色;选择"中间色调"选项可以在绘图的中间色调区域校正颜色;选择"高光"选项可以在绘图的高光部分校正颜色;选择"保持亮度"选项可以在校正颜色的同时保持绘图的亮度级。在"通道"选项区中拖动滑块可以调整"青—红—品—绿—黄—蓝"颜色值。

▌11.2.5 实战演练:御龙苑商住区楼盘广告主体图像处理

01 打开随书所附光盘中的文件"第11课\11.2.5 实战演练:御龙苑商住区楼盘广告主体图像处理-素材.cdr",如图11.22所示。

图11.22 素材图像

02 选择左侧的楼盘图像,选择"图像"|"调整"|"颜色平衡"命令,设置弹出的对话框如图11.23所示,以增强照片的冷调,如图11.24所示。

图11.23 "颜色平衡"对话框   图11.24 调整颜色后的效果

03 保持选中楼盘图像，再选择"图像"|"调整"|"亮度/对比度/强度"命令，设置弹出的对话框如图11.25所示，以增强照片的亮度与色彩对比，如图11.26所示。

图11.25　"亮度/对比度/强度"对话框　　　　　图11.26　调整亮度与对比度后的效果

04 选择右侧的图像，选择"图像"|"调整"|"颜色平衡"命令，设置弹出的对话框如图11.27所示，以增强照片的暖调，如图11.28所示。

图11.27　"颜色平衡"对话框　　　　　图11.28　调整颜色后的效果

05 保持选中右侧图像，再选择"图像"|"调整"|"亮度/对比度/强度"命令，设置弹出的对话框如图11.29所示，以增强照片的亮度与色彩对比，如图11.30所示。

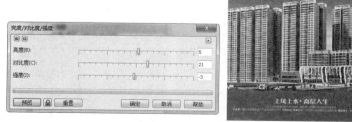

图11.29　"亮度/对比度/强度"对话框　　　　　图11.30　调整亮度与对比度后的效果

▌11.2.6　色度、饱和度与亮度

"色度/饱和度/亮度"命令用来调整位图及形状的颜色通道，从而改变色谱中的颜色位置，改变颜色及其浓度以及图像中白色所占的百分比。选择"效果"|"调整"|"色度/饱和度/亮度"命令，弹出"色度/饱和度/亮度"对话框，如图11.31所示。

在"通道"选项区中的"主对象"、"红"、"黄"、"绿"、"青"、"蓝"、"品"、"灰度"选项中选择一个或多个选项可以分别对选择的选项内容进行单独的调整。用鼠标拖动"色度"、"饱和度"、"亮度"的滑块，可得到不同的位图效果。如图11.32所示是使用此命令处理前后的对比效果。

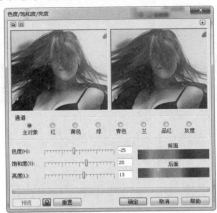

图11.31 "色度/饱和度/亮度"对话框

图11.32 使用"色度/饱和度/亮度"命令前后的对比效果

本例所应用的"色度/饱和度/亮度"命令对矢量图形与位图图像均适用，但这并不意味着"效果"|"调整"子菜单中的命令对矢量图形与位图图像均适用，实际上能够修改矢量图形颜色的命令仅有"亮度/对比度/强度"、"颜色平衡"、"伽玛值"、"色度/饱和度/亮度"4个命令，这一点需要特别注意。

11.2.7 替换颜色

应用"替换颜色"命令可以在图像中选择一种颜色并创建一个颜色遮罩，然后用新的颜色替换图像中的颜色。选择"效果"|"调整"|"替换颜色"命令，弹出如图11.33所示的"替换颜色"对话框。

在"原颜色"下拉列表中选择一种颜色或使用吸管在预览窗口的图像中吸取一种颜色，即可在"颜色遮罩"窗口中看到该颜色所创建的遮罩。在"新建颜色"下拉列表中选择一种颜色或使用吸管在预览窗口的图像中选择一种新颜色。在"颜色差异"选项区中拖动滑块可以调整遮罩区域中的"色相"、"饱和度"、"光度"的值。在"选项"选项区中，选择"忽略灰阶"选项，可以创建一个忽略灰度关系的色彩遮罩；选择"单目标颜色"选项，可以创建一个单一颜色的色彩遮罩，如图11.34所示是使用此命令处理前后的对比效果。

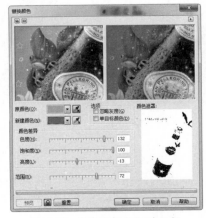

图11.33 "替换颜色"对话框

图11.34 应用"替换颜色"命令后的对比效果

11.3 为位图应用滤镜

▌11.3.1 滤镜功能与滤镜对话框简介

在"位图"菜单中有
10类位图处理滤镜，而在每
一个滤镜下拉列表中又包含
了多个滤镜命令效果，可
以用这些滤镜来修改图像使
图像更加完美，同时也可以
模仿现实生活中各种特殊的
效果。

在"位图"菜单中选择
一个滤镜后，弹出类似图11.35
所示的对话框。

图11.35 滤镜对话框

★ 预览区：单击左上角的▣按钮，可以显示原图与效果图的对比；单击▣按钮则仅显示处理
后的效果图。

★ 参数区：在此可以设置当前滤镜的参数。

★ 预览：单击此按钮，可以在上面的预览区中显示处理前后的效果；如果没有显示预览区，
则直接在绘图区中预览处理后的效果。

★ 锁定预览按钮（▣）：选中此按钮后，每次修改参数后将自动更新预览效果。

★ 重置：单击此按钮，将返回当前滤镜的默认参数。

▌11.3.2 立体派滤镜

使用"立体派"命令可以将对象中相似的像素组成色块，产生类似于油画中立体派作画风
格的效果。选择"位图"|"艺术笔触"|"立体派"命令，弹出"立体派"对话框，如图11.36
所示。

在"大小"滑块中拖动滑块可以设置笔触的大小，在"亮度"滑块中拖动滑块可以设置色
彩的亮度，在"纸张色"下拉列表中可以设置纸张的颜色，如图11.37所示是使用此滤镜处理前
后的对比效果。

图11.36 "立体派"对话框

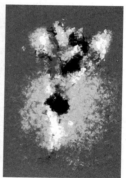

图11.37 应用"立体派"命令后的对比效果

11.3.3 像素滤镜

使用"像素"命令可以将位图图像打散成方形、矩形或圆形单元，而产生特殊的效果。选择"位图"|"扭曲"|"像素"命令，弹出"像素"对话框，如图11.38所示。

在"像素化模式"选项区域中，从像素化的模式中选择一种模式（正方形、矩形、射线）。当选择射线时，选择定义中心点按钮，在原始图像预览窗口中单击，滤镜将会以此点为圆心进行圆形像素化。在"调整"选项区域中，可以拖动"宽度"、"高度"滑块，设置像素块的大小。拖动"不透明"滑块，可以设置像素块的不透明度，数值越小，像素块就越透明，如图11.39所示是使用此滤镜处理前后的对比效果。

图11.38 "像素"对话框　　　　图11.39 应用"像素"命令后的对比效果

11.3.4 湿笔画滤镜

应用"湿笔画"命令可以给位图对象添加由许多形状底纹组成的背景图案，产生特殊的画面效果。选择"位图"|"扭曲"|"湿笔画"命令，弹出"湿笔画"对话框，如图11.40所示。

在"润湿"滑块中拖动，可以设置图像中各个对象的油滴从上往下流，数值为负时，油滴则从下往上流。在"百分比"滑块中拖动，可以设置油滴的大小，如图11.41所示是使用此滤镜处理前后的对比效果。

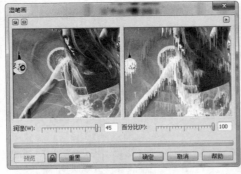

图11.40 "湿笔画"对话框　　　　图11.41 应用"湿笔画"命令后的对比效果

11.3.5 半色调滤镜

使用"半色调"命令可以将位图图像分为许多矩形块并用与矩形块亮度成正比的大小不同的圆来代替，模拟在图像的每一个颜色通道中使用放大的半调网屏的效果。选择"位图"|"颜色转换"|"半色调"命令，弹出"半色调"对话框，如图11.42所示。

在该对话框中拖动"青"、"品红"、"黄"及"黑"滑块，分别设置这4种颜色通道的网角值。在"最大点半径"滑块中拖动滑块可以设置半色调网点的半径大小，单击"预览"按钮在预览窗口中看到调整前后的图像对比效果，单击"重置"按钮可以撤消当前的设置，如图11.43所示是使用此滤镜处理前后的对比效果。

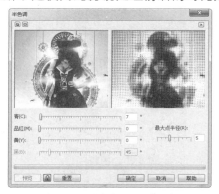

图11.42 "半色调"对话框　　　　　　　图11.43 应用"半色调"命令前后的对比效果

11.3.6 实战演练：百威啤酒广告背景处理

01 打开随书所附光盘中的文件"第11课\11.3.6 实战演练：百威啤酒广告背景处理-素材.cdr"，如图11.44所示。在本例中，将使用"半色调"滤镜，为啤酒图像的背景增加一些装饰点元素。

02 选择钢笔工具[图]，在啤酒图像的外围绘制一个图形，设置其填充色为黄色，轮廓色为无，如图11.45所示。

03 选中上一步绘制的图形，选择"位图"|"转换为位图"命令，设置如图11.46所示，单击"确定"按钮退出对话框。

图11.44 素材图像　　　图11.45 绘制图形　　　　图11.46 "转换为位图"对话框

04 保持图像的选中状态，选择"位图"|"模糊"|"高斯式模糊"命令，设置如图11.47所示，得到如图11.48所示的效果。

图11.47 "高斯式模糊"对话框　　　　　图11.48 模糊后的效果

05 保持图像的选中状态，选择"位图"|"颜色转换"|"半色调"命令，设置如图11.49所示，得到如图11.50所示的效果。

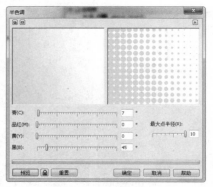

图11.49 "半色调"对话框

图11.50 应用"半色调"滤镜后的效果

06 保持图像的选中状态，选择透明度工具 🔲，设置其"属性栏"，如图11.51所示，得到如图11.52所示的效果。

图11.51 设置透明度参数

图11.52 设置透明度后的效果

07 保持图像的选中状态，按小键盘上的+键进行原位复制，然后修改"属性栏"上的参数，如图11.53所示，得到如图11.54所示的效果。

图11.53 修改透明度参数

图11.54 最终效果

11.3.7 框架滤镜

使用"框架"命令可以使用预设的图像框架或其他图像为当前的位图图像添加一个框架。

使用"框架"命令的具体操作步骤如下：

01 导入一幅位图图像，使用选择工具 🔲 选择位图对象，选择"位图"|"创造性"|"框架"命令，弹出如图11.55所示的"框架"对话框。

02 在对话框的标签列表框中选择要作为框架的图像文件，单击"修改"标签，进入"修改"标签属性页面，对选中的框架进行修改，如图11.56所示。

图11.55 "框架"对话框　　　　　　　　图11.56 "修改"标签属性页面

03 单击该对话框顶部的显示预览窗口或隐藏预览窗口按钮 ，可显示或隐藏预览窗口。

04 在"颜色"下拉菜单中，可以为框架指定颜色，拖动"不透明"滑块，可以调节框架的不透明度，在"模糊/羽化"滑块中拖动，可以设置框架边缘的模糊或羽化程度。

05 在"调和"下拉列表中，可以选择框架与图像之间的混合方式，在"水平"和"垂直"滑块中拖动，可以设置框架的大小，拨动"旋转"拨盘中的指针，或在其旁边的数值框中输入数值，可以设置框架的旋转角度。

06 单击 或 按钮，可以将框架垂直或水平翻转。按下对齐按钮 ，在图像窗口中设置一个中心点，则可以以此点为中心建立框架效果。如果要修改，单击回到中心位置按钮 ，即可在图像窗口中重新设定框架的中心点。

07 设置完成后单击"确定"按钮，可将设置应用到图像中，如图11.57所示为应用"框架"命令后的对比效果。

图11.57 应用"框架"命令后的对比效果

11.3.8　动态模糊滤镜

应用"位图"|"模糊"|"动态模糊"命令可以使位图图像具有一种风驰而过的动感效果，其对话框如图11.58所示。

图11.58 "动态模糊"对话框

在"间隔"滑块中拖动滑块可以调整运动模糊的距离，即运动模糊效果的程度，数值越大，模糊的运动感就越强。拨动"方向"拨盘或在其增量框中输入数值，设置动态模糊效果的方向。在"图像外围取样"选项区域中，可以选择"忽略图像外的像素"、"使用纸的颜色"、"提取最近边缘的像素"等选项，设置完成后单击"确定"按钮，即可将设置应用到图像中。

▍11.3.9　实战演练：硕克运动鞋广告设计

01 新建一个文档，设置"属性栏"纸张大小为388mm×123mm，将纸张方向设置为"横向"。双击矩形工具▣，生成一个与页面大小相同的矩形。

02 选中上一步创建的矩形，设置轮廓色为无，然后在"对象属性"泊坞窗中设置其填充，如图11.59所示，得到如图11.60所示的效果。

图11.59　设置填充属性

图11.60　应用"渐变填充"后的效果

提示：

在"对象属性"泊坞窗中，渐变色条各个点上的颜色从左至右分别为（C：62、M：95、Y：95、K：23）、（M：98、Y：96）、（M：57、Y：57）。

03 打开随书所附光盘中的文件"第11课\11.3.9　实战演练：硕克运动鞋广告设计-素材1.cdr"，按Ctrl+A快捷键全选，按Ctrl+C快捷键进行复制，返回广告文件中，按Ctrl+V快捷键进行粘贴，并将其置于背景图形右下方，直至得到如图11.61所示的效果。

图11.61　摆放素材图形

04 选择"文件"|"导入"命令，在弹出的对话框中选择随书所附光盘中的文件"第11课\11.3.9 实战演练：硕克运动鞋广告设计-素材2.cdr"，单击"确定"按钮，在绘图纸上单击将其导入，并调整位置，得到如图11.62所示的效果。

图11.62 调整图形

05 下面制作运动鞋的投影效果，使用选择工具 选中上一步导入的素材中运动鞋左侧的白色图形，选择"位图"|"扭曲"|"风吹效果"命令，在弹出的对话框中设置，如图11.63所示，单击"确定"按钮，得到如图11.64所示的效果。

图11.63 "风吹效果"对话框

图11.64 应用"风吹效果"命令后的效果

06 接着应用"风吹效果"命令两次，参数设置不变，使图形风吹的效果更加猛烈，直至得到如图11.65所示的效果。

图11.65 连续两次应用"风吹效果"后的效果

07 选择交互式透明工具 ，在刚刚绘制的投影图形上，从右至左拖动，并设置"属性栏"如图11.66所示，得到如图11.67所示的效果。

图11.66 设置"属性栏"

图11.67 制作透明效果

08 下面接着调用随书所附光盘中的文件"第11课\11.3.9 实战演练：硕克运动鞋广告设计-素材3.cdr"图形，并将其置于当前图形下方，调整好位置，直至得到如图11.68所示的最终效果。

图11.68 最终效果

11.3.10 天气滤镜

使用"天气"命令可以在位图图像中模拟雪、雨、雾的天气效果。选择"位图"|"创造性"|"天气"命令，弹出"天气"对话框，如图11.69所示。

在"浓度"滑块中拖动滑块可以设置雪、雨、雾的浓度，也可在数值框中输入数值。在"大小"滑块中拖动滑块可以设置雪、雨、雾的大小，也可在数值框中输入数值。单击"随机变化"按钮得到一组随机数，同时也可以控制雪、雨、雾的方向，单击"预览"按钮在预览窗口中看到调整前后的图像对比效果，单击"重置"按钮可以撤消当前的设置。

图11.70所示是使用此滤镜处理前后的对比效果。

图11.69 "天气"对话框

图11.70 应用"天气"命令后的对比效果

11.3.11 浮雕效果

使用"浮雕"命令可以将位图制作成一种雕刻上去的效果，在对话框中调整属性可以得到不同的效果。

选择"位图"|"三维效果"|"浮雕"命令弹出图11.71所示的"浮雕"对话框。在"深

度"滑块中拖动滑块可以加深或减少浮雕的深浅度，在"层次"滑块中拖动滑块可以增加或减小浮雕的层次感，在"浮雕色"选项区中可以选择浮雕的颜色模式，如原始颜色、灰色、黑等。

图11.72所示是使用此滤镜处理前后的对比效果。

图11.71 "浮雕"对话框　　　　　　图11.72 应用"浮雕"命令后的对比效果

11.3.12　卷页效果

使用"卷页"命令可以使位图产生一种卷纸的效果，在对话框中调整参数可以得到不同的效果。

选择"位图"|"三维效果"|"卷页效果"命令，弹出如图11.73所示的"卷页效果"对话框。在该对话框左面有4个用来选择页面卷角的按钮，单击一种按钮，即可确定一种卷角方式。在"定向"选项区中可以选择页面卷曲的方向，如"水平"或"直垂"方向；在"纸张"选项区中可以选择纸张卷角的"透明度"或"不透明度"；在"颜色"选项区中可以设置"卷角"的颜色和"背景"颜色；在"宽度"和"高度"滑块中拖动滑块可以设置卷页的卷曲位置。

图11.74所示是使用此滤镜处理前后的对比效果。

图11.73 "卷页"对话框　　　　　　图11.74 应用"卷页"命令后的对比效果

11.3.13　块状效果

使用"块状"命令可以将位图图像打散成小块状扭曲效果。选择"位图"|"扭曲"|"块状"命令，弹出图11.75所示的"块状"对话框。

在"未定义区域"下拉菜单中选择滤镜没有定义的背景部分颜色，如原始图像、反转图像、黑、白、其他色。在"块宽度"和"块高度"滑块栏中拖动滑块可以改变块状的大小，在"最大偏移值"滑块中拖动滑块可以调整块状图像被打散的程度。

如图11.76所示为应用"块状"命令后的对比效果。

图11.75 "块状"对话框

图11.76 应用"块状"命令后的对比效果

11.4 广告设计综合实例：欧氏领秀楼盘广告设计

01 按Ctrl+N快捷键新建一个文件，设置其宽度为210mm，高度为297mm。选择"视图"|"显示"|"出血"命令以显示出文件边缘的辅助线。

02 使用矩形工具 绘制一个比文件边缘略大一些（约3mm）的矩形。设置其轮廓色为无，然后在"对象属性"泊坞窗中设置其填充属性如图11.77所示，得到如图11.78所示的效果。

03 选中上一步绘制的矩形，选择"位图"|"转换为位图"命令，设置弹出的对话框如图11.79所示，单击"确定"按钮退出对话框。

图11.77 设置填充属性　　图11.78 填充得到的渐变效果　　图11.79 "转换为位图"对话框

04 选择"位图"|"杂点"|"添加杂点"命令，设置弹出的对话框如图11.80所示，得到如图11.81所示的效果。图11.82所示是右上角的局部效果。

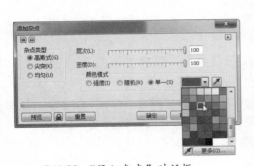

图11.80 "添加杂点"对话框　　图11.81 添加杂点后的效果　　图11.82 局部效果

05 选择"位图"|"鲜明化"|"鲜明化"命令，设置弹出的对话框如图11.83所示，得到如图11.84所示的效果。图11.85所示是右上角的局部效果。

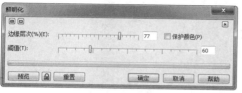

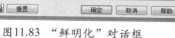

图11.83 "鲜明化"对话框　　　图11.84 应用"鲜明化"滤镜后的效果　图11.85 局部效果

06 按Ctrl+I快捷键，在弹出的对话框中打开随书所附光盘中的文件"第11课\11.4 广告设计综合实例：欧氏领秀楼盘广告设计-素材1.cdr"，将其调整至铺满画布，如图11.86所示。

07 选中上一步导入的图形，选择透明度工具，设置其"属性栏"如图11.87所示，得到如图11.88所示的效果。

图11.86 摆放素材图像的位置　　　图11.87 设置透明度参数　　　图11.88 设置透明度后的效果

08 导入随书所附光盘中的文件"第11课\11.4 广告设计综合实例：欧氏领秀楼盘广告设计-素材2.psd"，然后适当调整其大小及位置，使其置于文档中间处，如图11.89所示。

09 导入随书所附光盘中的文件"第11课\11.4 广告设计综合实例：欧氏领秀楼盘广告设计-素材3.cdr"，然后适当调整其大小及位置，使其置于文档中间偏下处，如图11.90所示。

图11.89 摆放素材2的位置　　　图11.90 摆放素材3的位置

10 选中上一步导入的图形，按小键盘上的+键进行原位复制，并将其转换为位图。

11 选中上一步转换的位图，选择"位图"|"模糊"|"高斯式模糊"命令，设置弹出的对话框如图11.91所示，得到如图11.92所示的效果。

图11.91 "高斯式模糊"对话框 　　　　图11.92 模糊后的效果

12 导入随书所附光盘中的文件"第11课\11.4 广告设计综合实例：欧氏领秀楼盘广告设计-素材4.cdr"，其中包括了多个位图图像，如图11.93所示，按Ctrl+U快捷键将其解组，使用选择工具 ▣ 分别选中其中的各个图像，然后将其置于第9步导入的圆形图形中，如图11.94所示。

图11.93 素材图像 　　　　图11.94 摆放图像位置

13 选中上一步导入并摆放好的多个图像，按照第3步的方法将其转换为位图。选择"效果"|"调整"|"亮度/对比度/强度"命令，设置弹出的对话框如图11.95所示，得到如图11.96所示的效果。

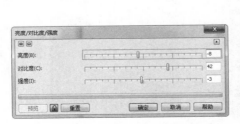

图11.95 "亮度/对比度/强度"对话框 　　　　图11.96 调整图像后的效果

14 继续选择"效果"|"调整"|"颜色平衡"命令，设置弹出的对话框如图11.97所示，得到如图11.98所示的效果。

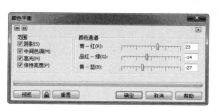

图11.97 "颜色平衡"对话框

图11.98 调整图像后的效果

11.5 学习总结

在本课中，主要讲解了对位图和矢量图进行调色及特效处理的方法。应该说，对于位图的处理，并不是经常使用的，但在很多时候，作品中又会或多或少的涉及到对位图的编辑和处理，因此，熟悉本课讲解的调色与滤镜等功能，有助于在以后的实际工作过程中，轻松完成一些常见的位图处理需要。

11.6 练习题

一、选择题

1. 以下能够将指定的色彩调整为另一种色彩的命令是_____。
   - A. 亮度/对比度/强度
   - B. 替换颜色
   - C. 取消饱和
   - D. 高反差

2. 下列关于预览滤镜效果的说法正确的是_____。
   - A. 单击左上角的回按钮，可以显示原图与效果图的对比
   - B. 单击回按钮则仅显示处理后的效果图
   - C. 选中锁定预览按钮后，每次修改参数后将自动更新预览效果
   - D. 当没有显示预览区，并选中锁定预览按钮后，预览的结果直接显示在绘图区中的对象上

3. 使用"天气"滤镜，可以制作得到_____。
   - A. 云彩
   - B. 雪
   - C. 星光
   - D. 雨

4. 下列关于滤镜的说法正确的是_____。
   - A. 在CorelDRAW中，滤镜只能应用于位图
   - B. 在CorelDRAW中，应用了调和、阴影及立体化等特效的图形，可以应用滤镜，但其他矢量图形不可以
   - C. 默认情况下，滤镜的预览区处于隐藏状态

D. 在对位图进行了调整处理后，就无法再使用滤镜

5. 选择"效果"|"调整"子菜单中的命令可以调整位图的_____。

A. 亮度/对比度/强度　　　B. 调合曲线　　　C. 颜色平衡　　　D. 伽玛值

二、填空题

1. 在"调和曲线"对话框中，可以设置_____、_____、_____、或_____等样式。

2. 若要减少图像中的红色，应该向_____侧拖动"青—红"滑块。

3. 在使用滤镜时，若要在修改参数后自动更新预览效果，可单击选中对话框中的_____按钮。

三、上机题

1. 打开随书所附光盘中的文件"第11课\11.6　题1-素材.cdr"，按照本课所学的知识，制作出如图11.99所示的效果。

图11.99 素材图像制作后的效果

2. 打开随书所附光盘中的文件"第11课\11.6　题2-素材.cdr"，如图11.100所示，应用本课所学的知识，制作出如图11.101所示的效果。

图11.100 素材图像　　　　　　　　　　　图11.101 制作得到的效果

第12课
包装设计：对象融合与特效处理

在CorelDRAW中，除了提供极为丰富的绘画与编辑功能外，其最强大的功能之一，就在于提供了一系列特效处理功能，包括透镜效果、阴影效果、立体效果、调和效果、透明效果、轮廓图效果、变形效果、封套效果以及艺术效果等。在本课中，就来分别讲解一下它们的使用方法与技巧。

12.1 包装设计概述

12.1.1 包装设计的概念

包装设计由两个概念构成，一是包装结构设计，二是包装装潢设计。

"包装"是指产品诞生后为保护产品的完好无损而采用的各种产品保护层，便于在运输、装卸、库存、销售的过程中，通过使用合理、有效、经济的保护层保护产品，避免产品损坏而失去它原有的价值，所以包装强调结构的科学性、实用性。通常，包装要做到防潮、防挥发、防污染变质、防腐烂，在某些场合还要防止曝光、氧化、受热或受冷及不良气体的损害。我们常见的商品，大到电视机、冰箱，小到钢笔、图钉、光盘

等，都有不同的包装形式。这些都是属于包装结构设计的范围之内。

"装潢设计"指对产品保护层的美化修饰工作，可以说是消费者对产品的第一印象，也是消费者在购买产品以前主观所能够了解到该商品内容的途径之一。不仅要求它具备说明产品功用的实际功能，还应以美观的姿态呈现在消费者面前，从而提高产品的受注目程度，甚至让人产生爱不释手的购物冲动。

对大多数平面设计师来说，主要接触的，还是包装的"装潢设计"。

12.1.2 包装装潢设计的基本流程

一个典型的包装设计的制作流程为处理平面图形、包装盒体的平面设计及包装盒的三维可视化设计，下面分别针对每一个阶段进行讲解。

处理平面图形

此阶段进行的工作是根据构思的需要，对素材进行处理及加工，例如制作所需要的肌理，或者通过扫描获得包装所需要的图形图像。由于许多素材来自于数码相机，因此对通过数码相机拍摄的照片进行加工，也是此阶段需要进行处理的工作。另外，如果在包装中需要使用具有特殊效果的文字，则该文字也应该在此阶段制作完成。

在绝大多数情况下，此阶段使用的软件是Photoshop，因为使用此软件不仅能够配合扫描仪完成扫描、修饰照片的工作，而且也可以配合数码相机完成修饰、艺术化处理的工作。

包装盒体的平面设计

整体平面设计是指将包装装潢设计中

所涉及到的对象在平面设计软件中进行整体编排设计的过程，此过程所涉及的工作包括文字设计、图形设计、色彩设计、图文编排等。

本书中讲解的CorelDRAW软件就可以很好地完成各种包装设计工作，其相关设计实例，可参考本课后面的内容。

三维可视化

由于包装本身就属于一个三维结构，因此仅仅在平面上观看其设计效果并对其成品加以想象，远不如直接观看一个三维对象更加直观而明确。因此，这一阶段的工作任务就是利用上节所述的第二个阶段所得到的平面作品，制作具有三维立体效果的盒体。

在此我们可以通过以下两种方法来得到具有三维立体效果的盒体。第一种方法：利用Photoshop这个具有强大图像处理功能的软件，制作具有三维效果的盒体，如图12.1所示。

图12.1 使用Photoshop模拟的包装立体效果

这种方法的优点是简单、方便、技术成本较低，而且在制作的同时能够修改设计中所存在的缺陷，但其不足之处在于逼真程度不够，而且一次仅能够制作一个角度上的立体效果。

第二种方法，利用3ds Max等三维软件，制作具有三维效果的盒体。这种方法的优点在于能够获得极为逼真的三维效果，而且能够通过改变摄像机角度等简单操作，获得其他角度的三维效果，在需要的情况下，还能够制作三维浏览动画，以更好地体现包装的效果。不足之处在于操作相对复杂、技术成本相对较高。

12.1.3 常见包装品印刷用纸及工艺

烟酒类包装

纸张：多采用300～350g白底白卡纸（单粉卡纸）或灰底白卡纸，如果盒的尺寸较大，可用250～350g对裱，也可用金卡纸和银卡纸。

后道工艺：包括过光胶、哑胶、局部UV、磨砂、烫铂（有金色．银色．宝石蓝色等多种色彩的金属质感膜供选择）、凹凸等工艺。

礼品盒

纸张：多采用157～210g铜版纸或哑粉纸，裱800～1200g双灰板纸。

内盒（内卡）：常用发泡胶内衬丝绸绒布、海绵等材料。

后道工艺：包括过光胶、哑胶、局部UV、压纹、烫铂等工艺。

IT类电子产品

纸张：多采用250～300g自卡或灰卡纸，裱W9（白色）或B9（黄色）坑纸。

内盒（内卡）：常用坑纸或卡纸，也可用发泡胶、纸托、海绵或植绒吸塑等材料。

后道工艺：包括过光胶、哑胶、局部UV、烫铂等工艺。

月饼类高档礼品盒

纸张：多采用157g铜版纸裱双灰板或白板，也可用布纹纸或其他特种工艺纸。

内盒（内卡）：常用发泡胶裱丝绸绒布、海绵或植绒吸塑等材料。

后道工艺：包括工艺过光胶、哑胶、局部UV、磨砂、压纹、烫铂等。

药品包装

纸张：多采用250～350g白底白卡纸（单粉卡纸）或灰底白卡纸，也可用金卡纸和银卡纸。

后道工艺：等过光胶、哑胶、局部UV、磨砂、烫铂等工艺。

保健类礼品盒

纸张：多采用157g铜版纸裱双灰板或白板，也可用布纹纸或其他特种工艺纸。

后道工艺：包括过光胶、哑胶、局部UV、磨砂、压纹、烫铂等工艺。

内盒（内卡）：常用发泡胶裱丝绸绒布、海绵等材料。

12.2 制作透镜效果

使用透镜命令处理对象，能够模拟类似于透过不同的透镜来观察事物所看到的效果。

在CorelDRAW中能够作为透镜的可以是选择对象本身，也可以是外加的任意形状、任意大小的其他图形（但必须是闭合路径）。

12.2.1 添加透镜效果

为图像添加透镜的具体操作步骤如下：

01 在CorelDRAW 中创建一个新的图形对象或者打开一个已有的CorelDRAW文件，也可以导入一幅位图图像。

02 单击工具箱中的椭圆形工具 ◎，在绘图区中绘制一个需要应用透镜的椭圆，选择"效果－透镜"命令，弹出如图12.2所示的"透镜"泊坞窗。

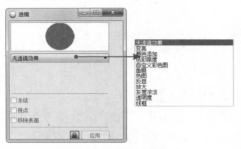

图12.2 "透镜"泊坞窗

03 在"透镜"泊坞窗中的"透镜类型"下拉菜单中选择"放大"，在"数量"数字框中输入数值，用以指定透镜变化的数值。

04 如果选择"冻结"选项，可以将应用透镜效果对象下面的其他对象所产生的效果添加成透镜效果的一部分。如果选择"视角"

选项，则在不移动透镜的情况下只显示透镜下面的对象的一部分，选择"视角"选项后，在其右边单击会在对象的中心出现一个"x"标记，此标记代表透镜所能观察到的对象中心，同时也可以拖动该标记到新的位置。

05 完成设置后单击"应用"按钮，即可在该图形对象上添加一个透镜，其效果如图12.3所示。

图12.3 应用放大透镜前后的效果

提示：

选择不同的透镜和不同的参数设置可以得到不同的效果，但其里面的参数设置跟上面的设置是一样的，这里不再一一详述，用户可自行尝试。

12.2.2 透镜效果的种类

CorelDRAW中提供的透镜类型都位于"透镜"泊坞窗中，使用不同的透镜能够改变不同图形外观效果，下面分别一一讲解。

★ 无透效果：此透镜的作用是消除已应用的透镜效果，恢复对象。

★ 变亮：此透镜可以控制对象在应用透镜范围内的亮度，比率数值框中的百分比为-100～100，正值增亮，负值变暗，其效果如图12.4所示。

图12.4 "变亮"透镜效果

★ 颜色添加：此透镜可以为对象添加指定颜色，就像在对象的上面涂上一层颜色一样，其效果如图12.5所示。

图12.5 "颜色添加"透镜效果

★ 色彩限度：此透镜可以将对象上的颜色都转换为指定的透镜颜色，其比率值为0～100。

★ 自定义彩色图：此透镜可以将对象的填充色转换为双色调，转换颜色是以亮度为基础的，用设定的起始颜色和终止颜色与对象的填充色对比，再反转显示的颜色。在直接调色板的下拉列表中可以选择"向前的彩虹"和"反转的彩虹"，指定两种颜色间色谱的正反顺序。

★ 鱼眼：此透镜可以使对象产生扭曲的效果，通过比率值来设置扭曲的程度，其范围为-1000～1000，为正值时向外突出，为负值时向内陷。

★ 热图：此透镜用于模拟为对象添加红外线成像的效果，显示的颜色由对象的颜色和调色板旋转框中的数值决定，其范围为0～100。

★ 反显：此透镜是通过CMYK模式将透镜下对象的颜色转换为互补色，从而产生一种相片底片的效果，其效果如图12.6所示。

图12.6 "反显"透镜效果

★ 放大：应用该透镜使对象像在放大镜下面一样产生一种放大的效果，其倍数数值框可以设置放大的倍数，其范围为0～100，其效果如图12.7所示。

图12.7 "放大"透镜效果

★ 灰度浓淡：此透镜将透镜下的对象颜色转换成灰度颜色。

★ 透明度：此透镜可以像透过有色玻璃看到的物体一样，在比率数值框中可以调节透镜的透明度，其范围为0～100，在颜色下拉列表中可以选择透镜颜色。

★ 线框：此透镜可以用来显示对象的轮廓，并可为轮廓设定一个填充色。

12.2.3 实战演练：高航电磁炉包装标注图设计

本例主要是利用"透镜"命令，来制作产品包装中的标注图，其操作步骤如下：

01 打开随书所附光盘中的文件"第12课\12.2.3 实战演练：高航电磁炉包装标注图设计-素材.cdr"，如图12.8所示。

02 选择椭圆形工具◎，按住Ctrl键绘制一个正圆，为便于观看，可将其填充色设置为黄色，如图12.9所示。

图12.8 素材文件　　　　　　　　　图12.9 绘制图形

03 保持黄色圆形的选中状态，选择"效果"|"透镜"命令，以调出其泊坞窗，在其中选择"放大"选项，并选中"冻结"选项，如图12.10所示，得到如图12.11所示的效果。

图12.10 "透镜"泊坞窗　　　　　　图12.11 制作透镜后的效果

04 使用选择工具，选中放大的圆形图像，将其移至左下方，并为其设置轮廓属性，如图12.12所示，得到如图12.13所示的效果。

图12.12 "对象属性"泊坞窗　　　　图12.13 设置轮廓后的效果

05 保持选中圆形图像，按小键盘上的+键进行原位复制，然后使用选择工具按住Shift键将其移至右侧，如图12.14所示。

图12.14 复制并移动对象位置

06 保持选中上一步复制得到的圆形图像，在"透镜"泊坞窗中取消选中"冻结"选项，然后将图像移至电磁炉的右侧，如图12.15所示。

图12.15 移动图形的位置

图12.16 调整图像的位置

07 在"透镜"泊坞窗中重新选中"冻结"选项，然后将图像移至右下方位置，如图12.16所示。

08 最后，可使用文本工具，在制作的两个放大圆形图像下方输入说明文字，并进行适当格式化处理，得到如图12.17所示的效果。

图12.17 最终效果

12.3　制作阴影效果

使用阴影工具给物体添加阴影效果可以应用在大多数的对象上，如矢量图形对象，文字对象等，利用这一工具将增加对象的纵深感，也使得对象更加逼真。

要添加阴影效果，只需要使用阴影工具在对象上拖动，然后在"属性栏"中设置适当的羽化、透明等属性即可。值得一提的是，使用阴影工具创建阴影时，将依据所选对象的上、下、左、右及中心为阴影起点创建阴影。

12.3.1　设定投影参数

选择阴影工具，其"属性栏"如图12.18所示。

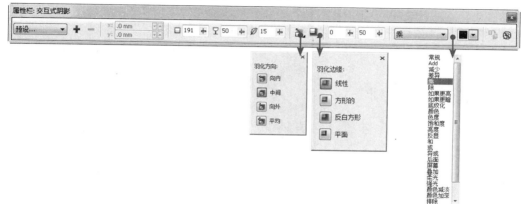

图12.18 阴影工具的"属性栏"

阴影工具"属性栏"中的参数解释如下：

★ 阴影角度 □ -85 ：除了从中心位置创建的阴影外，选中阴影后可以在此调整阴影的角度。
例如在图12.19所示的作品中，是以顶部（即白色方块所在的位置）为起点创建的阴影，如
图12.20所示是分别设置不同角度后的效果。

图12.19　素材图像　　　　　　图12.20　设置不同角度后的效果

★ 阴影的不透明值 75 ：输入框中的数值越低，阴影的效果越趋向透明，以图12.21所示的
原图像为例，如图12.22所示是为其设置不同数值时的效果。

图12.21　素材图像　　　　　　图12.22　设置不同透明度属性时的效果

★ 阴影羽化 15 ：输入框中的数值越高，阴影的边缘越趋向虚化。
★ 羽化方向按钮：单击此按钮，在弹出的菜单中选择合适的羽化方向，如向内、中间、向
外和平均等羽化方向，阴影产生的效果也会不同。
★ 羽化边缘按钮：单击此按钮，在弹出的菜单中选择合适的羽化边缘效果。
★ 阴影淡出：设置此数值，可以让阴影产生从无到有的过渡效果。此数值越大，过渡的效果
越明显。
★ 阴影延展：设置此数值，可以改变阴影的长度。
★ 透明度操作 乘 ：可以在下拉菜单中选择不同的操作类型，产生不同的透明效果。如
图12.23所示是分别设置不同选项时得到的效果。

图12.23　设置不同透明度选项后的效果

★ 阴影颜色 ■▾：默认状态下采用黑色，但我们可以单击下拉菜单中的颜色进行替换。

使用阴影工具▣时，在对象上拖动即可创建阴影，此时除了可以在"属性栏"上设置参数外，对象上将显示□ⵏ▸■状态的控制句柄，拖动右侧的黑色方块可以调整阴影的位置和角度，拖动黑白方块之间的竖条，可以调整阴影的透明属性。

12.3.2 复制特效属性

在CorelDRAW中，我们可以复制特效的属性并应用于其他的对象，以阴影特效处理来说，可以先选中一个要应用阴影的对象，然后选择阴影工具▣的情况下，在"属性栏"中单击复制阴影属性按钮▣，此时光标将变为➡状态，此时单击要复制的阴影即

可。这里要特别注意的是，单击的是要复制的阴影，而不是带有阴影的对象。

另外，也可以选择"效果－复制效果"子菜单中的命令，然后光标会变为➡状态，此时单击要复制的阴影即可。

12.3.3 清除特效属性

要去除已经应用给对象的特效，可以选中对应的工具，然后在"属性栏"中单击清除按钮▣，即可达到清除特效的目的。例如以阴影工具▣为例，可以在选择此工具的情况下，在"属性栏"中单击清除阴影按钮▣，即可清除该特效。

另外，也可以选择"效果"|"清除阴影"命令，以清除该特效。在清除不同的特效时，此命令会有不同的变化，比如在清除调和特效时，此命令即变为"清除调和"命令。

12.4 制作立体化效果

立体化效果是利用三维空间的立体旋转和光源照射功能，为对象添加产生明暗变化的阴影，从而制作出逼真的三维立体效果，其"属性栏"如图12.24所示。

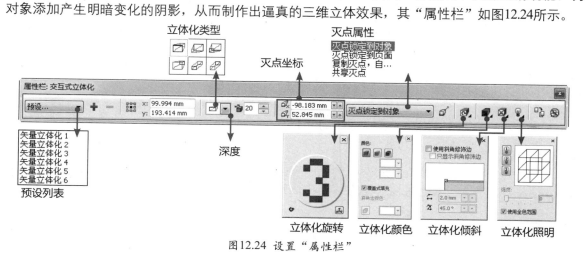

图12.24 设置"属性栏"

12.4.1 添加立体化效果

添加立体化效果的具体操作步骤如下：

01 在工具箱中选择立体化工具▣，并选择需要添加立体化效果的对象。

02 在对象中心按住鼠标左键向任意一个方向拖动，此时对象上出现立体化效果的控制框，如图12.25所示。

03 拖动虚线到适当位置后释放鼠标，即可完成立体化效果的添加，如图12.26所示。

图12.25 拖动控制框

图12.26 得到的立体效果

12.4.2 编辑立体化效果

在前面，已经展示了在选择立体化工具 时，其"属性栏"中的丰富参数，可以使用这些参数制作得到各种各样的立体效果，下面就来分别讲解一下它们的作用。

设置立体化类型

在此列表中，可以快速设置一些常见的立体化效果，即使不能满足我们的特殊需求，但也可以选择一个相似的类型，然后在此基础上继续编辑，也可以节约我们工作的时间，提高工作效率。

图12.27所示就是设置不同类型时得到的效果。

图12.27 设置不同类型时得到的效果

设置立体效果的厚度

在"深度"数值输入框中输入数值，可以控制立体化图形在维度上的深度（厚度），图12.28所示是设置不同参数时得到的效果。

图12.28 设置不同深度时得到的效果

提示：

需要注意的是，有些立体化类型并不支持设置"深度"参数。

设置灭点

在"灭点属性"的下拉菜单中可以选择灭点的相对位置属性，在"灭点坐标"输入框中，可以通过设置具体的数值，调整灭点的绝对位置，图12.29所示是设置不同数值时得到的效果。

图12.29 "灭点坐标"数值设置不同所产生的不同效果

在现有维度的基础上调整立体效果的方向

在"立体化旋转"列表框中，可以通过拖动其中的数字，改变对象的立体化方向，这种编辑方法更加直观易懂一些，但缺点就是无法做精确的调整，单击右下角的 按钮，将切换为如图12.30所示的状态，分别在各个输入框中输入数值，即可精确的调整对象的方向了。

图12.30 立体化旋转的参数值

设置对象的颜色

CorelDRAW提供了3种颜色填充的方式：

★ 使用对象填充：在选择此选项时，将使用与对象颜色相同的色彩，填充立体化效果。建议选择此填充选项时，为图形设置适当的轮廓色，以避免无法看清整体内容。

★ 使用纯色：在保留原对象的颜色不变的同时，将立体化效果（即用于表现深度的图形）应用于所设置的图形。

★ 使用递减的颜色：即在对象颜色与立体化效果的颜色之间，制作一种过渡的色彩效果。
图12.31所示就是设置递减颜色填充时得到的效果。

图12.31 使用递减的颜色

设置斜角修饰

通过设置此参数，可以改变文字表面的立体感，使之出现一定的导角效果，如图12.32所示。

图12.32 设置斜角后的效果

设置照明

CorelDRAW提供了为立体化效果添加3个照明的功能，可以通过调整各个灯光的位置及照亮强度，以制作得到更有立体感的效果。例如图12.33所示就是设置不同参数后得到的效果。

图12.33 设置不同参数后得到的效果

12.4.3 利用鼠标编辑立体效果

拖动控制线中的调节钮可以改变对象立体化深度，效果如图12.34所示（红色圆圈内）。拖动控制线箭头所指一端的控制点，可以改变对象立体化消失点的位置。

图12.34 拖动控制线中的调节钮

把鼠标移动至立体化控制中的"X"型方向控制点上，并按住鼠标左键拖动，可以控制立体化效果的灭点位置，其变化效果如图12.35所示。

图12.35 改变灭点位置的前后效果

12.4.4 实战演练：花韵情月饼包装立体效果图

本例主要是利用立体化工具来制作月饼包装中的立体文字效果，其操作步骤如下：

01 打开随书所附光盘中的文件"第12课\12.4.4 实战演练：花韵情月饼包装立体效果图-素材1.cdr"，如图12.36所示。

02 按Ctrl+I快捷键，在弹出的对话框中打开随书所附光盘中的文件"第12课\12.4.4 实战演练：花韵情月饼包装设计-素材2.cdr"，然后适当调整其大小，将其置于包装盒的中间处，并设置其填充色为黄色，如图12.37所示。按Ctrl+C快捷键复制该文字图形，以留做后面备用。

图12.36 素材图像

图12.37 导入素材文字

03 选择立体化工具，在其"属性栏"中选择"立体右上"预设，然后再设置其他的立体化参数，如图12.38所示，得到如图12.39所示的效果。

图12.38 选择立体化预设

图12.39 设置立体化参数

04 在"属性栏"中单击立体化照明按钮，在弹出的泊坞窗中关闭"光源2"，然后选中"光源3"并设置其参数，如图12.40所示，得到如图12.41所示的效果。

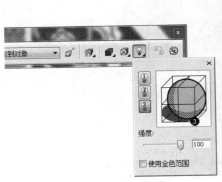

图12.40 设置光源参数

图12.41 设置光源后的效果

05 在"属性栏"中单击立体化颜色按钮，在弹出的泊坞窗中设置其参数，如图12.42所示，设置的颜色分别为红色和橙色，得到如图12.43所示的效果。

图12.42 设置颜色参数

图12.43 设置颜色后的效果

06 按Ctrl+V快捷键将第2步中复制的对象粘贴进来，并适当调整其位置，使之与后面的立体文字相匹配，如图12.44所示。

图12.44 粘贴图形后的效果

07 选中前面的黄色文字图形和后面的立体文字图形，按Ctrl+G快捷键将其编组。选择阴影工具，并在"属性栏"中设置其参数，如图12.45所示，其中颜色设置的是黄色，得到如图12.46所示的效果。

图12.45 设置阴影参数

图12.46 最终效果

12.5 使用调和效果

所谓"调和"实际上是指一种应用于两个对象的特殊效果。通过这一效果的应用，将在选择的两个对象之间创建一系列的过渡对象，这些过渡对象的各种属性都将介于两个原对象之间。也就是说，这些中间过渡对象的轮廓和颜色都将反映出其中的一个原对象是如何过渡到另一个原对象的。

12.5.1 调和的基本参数设定

单击工具箱中的调和工具，其"属性栏"如图12.47所示，其中的重要参数功能如下所述。

图12.47 调和工具的"属性栏"

> **提示：**
> 在此，我们以"属性栏"作为讲解对象，说明各个参数的功能。选择"效果"|"调和"命令，可以调出"调和"泊坞窗，同样可以设置调和的参数，且与"属性栏"中的参数基本相同，故不再重复讲解，读者可以自行尝试学习。需要注意的是，在"调和"泊坞窗中设置参数后，需要单击底部的"应用"按钮才能生效。

★ 添加预设按钮：在选中一个调和对象的情况下，单击此按钮可以将其保存成为预设，以便于以后使用。

★ 删除预设按钮：可以将不需要的样式删除。

★ 调和步长按钮：在选中此按钮的情况下，可在后面的输入框中输入数值，以设置调和的步长数，此时将根据调和首、尾对象之间的距离和所设置的步长，自动分配调和对象中各个图形的间距。

★ 调和间距按钮：在选中此按钮的情况下，可以在后面的输入框中输入数值，即控制调和对象中各个图形的绝对间距数值。如图12.48所示马路上的白色斑马线为设置不同数值的对比效果。

图12.48 设置不同数值的对比效果

★ 调和方向：输入数值使对象进行角度旋转、方向旋转。

★ 环绕调和按钮：当调和方向数值框中的值不为零时，单击该按钮，可以将调和中产生旋转的过渡对象拉直的同时，以起始对象和终止对象的中间位置为旋转中心作环绕分布。

★ 直接调和按钮、顺时针调和按钮、逆时针调和按钮：可以设置调和对象之间的颜色过渡为直接、顺时针或逆时针方向。例如在前面的操作实例中，我们已经看到了顺时针调和时的状态，图12.49所示是分别选择直接调和与逆时针调和时的效果。

图12.49 设置不同调和后的对比效果

★ 对象和颜色加速：单击该按钮，可在弹出的对话框中拖动滑块，调整调和对象与调和颜色的加速度。

★ 调整加速大小按钮：可以设置调和时过渡对象调和尺寸的加速变化。

12.5.2 移动旋转或缩放调和对象

移动或者缩放被调和的对象，是指对调和对象和原对象所做的缩放和移动操作。单击调和原对象，即可将其选中，使用之前学习过的移动和缩放操作时，与之相应的调和产生的一系列对象也随之发生有序的移动或缩放。例如图12.50所示由移动调和对象所产生的变化对比。

图12.50 由移动调和对象所产生的变化

12.5.3 沿路径调和

沿路径调和可以将一个对象或多个对象沿着一条路径或多条径路进行调和，下面来讲解一下其相关操作方法。

使用命令制作沿路径调和

使用命令制作沿路径调和的操作方法如下所述：

01 打开随书所附光盘中的文件"第12课\12.5.3沿路径调和-素材1.cdr"，如图12.51所示，其中顶部的渐变调和对象是使用调和功能制作得到的效果，白色花形文字路径是下面要操作的对象。

图12.51 素材图像

02 首先，选中渐变调和对象，并使用调和工具 执行下列操作之一：

★ 在调和对象上单击右键，在弹出的菜单中选择"新路径"命令。

★ 单击"属性栏"上的路径属性按钮 ，在弹出的菜单中选择"新路径"命令。

★ 显示"调和"泊坞窗，并单击路径属性按钮 ，在弹出的菜单中选择"新路径"命令。

03 执行上述操作后，光标将变为 状态，然后在下面的花形文字路径上单击，得到如图12.52所示的效果。

图12.52 沿路径调和后的效果

提示：

如果是在"调和"泊坞窗中操作，还需要单击底部的"应用"按钮。

04 沿路径调和后，可以根据需要继续设置调和对象的属性，例如图12.53所示是设置不同属性后得到的效果，读者可以尝试制作。

图12.53 尝试效果

手绘沿路径调和

使对象沿手绘路径调和的具体操作步骤如下所述。

01 在绘图区中绘制或导入两个图形对象。在本例中，打开随书所附光盘中的文件"第12课\12.5.3 沿路径调和-素材2.cdr"，如图12.54所示，我们将以左右两个渐变圆形为例，讲解手绘沿路径调和的制作方法。

图12.54 素材图像

02 选择调和工具 ，并将其置于左侧的渐变圆形上，此时光标将变为 状态。

03 按住Alt键再单击调和的起始对象并拖动鼠标绘制出一条路径，一直拖动鼠标至调和的终止对象如图12.55所示，释放鼠标及Alt键，则可以得到沿刚才手绘路径调和的效果，图12.56所示是设置了一些调和参数后的效果。

图12.55 手绘路径　　　　　　　　　　　图12.56 沿手绘路径调和对象

分离路径与调和对象

　　要将路径与调和对象拆分开，可以在将其选中的情况下，执行下列操作之一：

★　单击"属性栏"中的路径属性按钮 ，在弹出的菜单中选择"从路径分离"命令。

★　单击"调和"泊坞窗中的路径按钮 ，在弹出的菜单中选择"从路径分离"命令。

★　在使用调和工具 的情况下，在调和对象上单击右键，在弹出的菜单中选择"从路径分离"命令。

　　在分离路径与调和对象后，二者仍然保持着独立的状态，即我们可以分别对路径与调和对象进行编辑。

▌12.5.4　实战演练：菠萝多VC饮料包装设计

　　本例主要是利用变换与沿路径调和等功能，制作饮料包装中的特效文字，其操作步骤如下：

01　打开随书所附光盘中的文件"第12课\12.5.4　实战演练：菠萝多VC饮料包装设计-素材.cdr"，如图12.57所示。

02　选择文本工具 ，在"菠萝多"右侧输入字母VC，如图12.58所示。

图12.57 素材图像　　　　　　　　图12.58 输入文字

03　选择"排列"|"变换"|"倾斜"命令，在弹出的"变换"泊坞窗中，设置X数值为-30，如图12.59所示，单击"应用"按钮，得到如图12.60所示的效果。

图12.59 设置变换参数　　　　图12.60 倾斜后的文字效果

04 设置字母VC的填充色为无，轮廓色为黑色，得到如图12.61所示的效果。

图12.61 设置文字属性

05 移至文档的上方，在彩虹渐变条上单击右键，在弹出的菜单中选择"新路径"命令，如图12.62 所示，然后将光标移至字母VC上，如图12.63所示。

图12.62 右键菜单　　　　　　　　　　　　　　图12.63 摆放光标位置

06 单击鼠标左键，将字母与彩虹渐变条调和在一起，如图12.64所示。

07 设置轮廓色为无，得到如图12.65所示的效果。

图12.64 创建调和后的效果

图12.65 设置轮廓属性后的效果

08 按Ctrl+A快捷键全选所有对象，按Ctrl+G快捷键进行编组，然后选择阴影工具，在"属性栏"中设置参数，如图12.66所示，其中所设置的颜色为黄色，得到如图12.67所示的效果。图 12.68所示是该包装的整体效果。

图12.66 设置阴影参数

图12.67 最终效果   图12.68 整体效果

12.6 设置透明效果

透明效果是通过改变对象填充颜色的透明程度来创建独特的视觉效果。使用透明度工具🔲可以方便地为对象添加"标准"、"渐变"、"图案"、"底纹"等透明效果。

12.6.1 标准透明效果

添加标准透明效果的具体操作步骤如下：

01 使用选择工具🔳选择需要设置透明的对象。

02 在工具箱中选择透明度工具🔲，在"属性栏"中的透明度类型下拉菜单中选择"标准"，其"属性栏"如图12.69所示。

图12.69 透明度工具的"属性栏"

03 在透明度操作下拉菜单中选择一种样式，在开始透明度数值框 ↤—▯—50 中输入数值，可以改变对象的起始透明度。

04 在透明目标下拉列表 全部 ▾ 中选择透明效果的一种类型，如"填充"、"轮廓"或"全部"，设置完后即可得到透明的效果。如图12.70所示为素材图形，如图12.71所示为设置的标准透明效果。

图12.70 素材图形   图12.71 设置标准透明效果

为对象应用"标准"效果时，其效果将应用于选择的整个对象中，如果要改变其透明效果，可以直接在开始透明度数值框中输入数值以设置其开始透明的位置。

12.6.2 渐变透明效果

应用渐变透明效果的操作方法与标准透明相似，只是多了一个渐变透明角度与边衬数值框，设置该数值框上面的值可以改变渐变透明的方向及角度，设置该数值框下面的值可以改变渐变透明的锐度。

添加渐变透明的具体操作步骤如下：

01 使用选择工具选择需要设置透明的对象。

02 在工具箱选择透明度工具，并在其"属性栏"中的透明度类型下拉菜单中选择"线性"，其"属性栏"如图12.72所示。

图12.72 透明度工具的"属性栏"

03 在透明度操作下拉菜单中选择一种样式，在开始透明度数值框中输入数值，可以改变对象的起始透明度，在渐变透明角度与边衬数值框中可以设置线性渐变的方向和边衬。

拖动控制线中的调节钮可以改变对象渐变透明的中心点，效果如图12.73所示。拖动控制线箭头所指一端的控制点，可以改变对象渐变透明的方向，如图12.74所示。

图12.73 拖动控制线中的调节钮

图12.74 拖动控制线箭头所指一端的控制点

04 在透明目标下拉列表  中选择一种透明效果，如"填充"、"轮廓"或"全部"，设置完后即可得到渐变透明的效果。

12.6.3 实战演练：富贵团圆月饼包装设计

本例主要是利用透明度工具制作月饼包装中的各类型透明图像，使各部分元素浑然一体，其操作步骤如下：

01 按Ctrl+N快捷键新建一个文件，在弹出的对话框中设置文件的宽度为400mm，高度为280mm。选择"视图"|"显示"|"出血"命令以显示出血辅助线。

02 选择矩形工具，绘制一个略大于文档边缘（3mm以上）的矩形，设置其轮廓色为无，然后在"对象属性"泊坞窗中设置其填充色，如图12.75所示，其中所使用颜色的颜色值分别为（C：38、M：100、Y：100、K：8）和（C：2、M：90、Y：100、K：0），得到如图12.76所示的效果。

图12.75 "对象属性"泊坞窗

图12.76 设置填充色后的效果

03 按Ctrl+I快捷键，在弹出的对话框中打开随书所附光盘中的文件"第12课\12.6.3 实战演练：富贵团圆月饼包装设计-素材1.psd"，将其置于文档的底部，如图12.77所示。

图12.77 摆放图像位置

04 按照上一步的方法，导入随书所附光盘中的文件"第12课\12.6.3 实战演练：富贵团圆月饼包装设计-素材2.psd"，适当调整其大小，并置于上半部分红色背景的位置，如图12.78所示。

图12.78 摆放花纹图像位置

05 选中上一步导入的图像，选择透明度工具，在"属性栏"中设置参数，如图12.79所示，得到如图12.80所示的效果。

图12.79 设置透明度参数

图12.80 设置透明度后的效果

06 导入随书所附光盘中的文件"第12课\12.6.3 实战演练：富贵团圆月饼包装设计-素材3.cdr"，在"对象属性"泊坞窗中修改其填充色，如图12.81所示，然后将其旋转一定角度，置于包装的左上角位置，如图12.82所示。

图12.81 设置填充属性

图12.82 调整颜色后的效果

07 选中上一步导入的图形，选择透明度工具，在"属性栏"中设置参数，如图12.83所示，得到如图12.84所示的效果。

图12.83 设置透明度参数

图12.84 设置透明度后的效果

08 选中上一步编辑后的图形，按小键盘上的+键进行原位复制，然后单击"属性栏"中的水平镜像按钮，再使用选择工具按住Shift键将其拖至包装的右侧，得到如图12.85所示的效果。

图12.85 向右侧复制图形

09 再复制一次图形，然后将其旋转一定角度，并修改其透明渐变的角度，置于顶部中间处，如图12.86所示。

图12.86 向中间复制图形

10 导入随书所附光盘中的文件"第12课\12.6.3 实战演练：富贵团圆月饼包装设计-素材4.psd"，将其置于包装的中间位置，得到如图12.87所示的最终效果。

图12.87 最终效果

12.7 编辑轮廓图效果

轮廓图工具■可在对象本身的轮廓内部或外部创建一系列的轮廓线，从而产生"轮廓图"效果，轮廓图工具■的"属性栏"如图12.88所示。

图12.88 轮廓图工具的"属性栏"

利用轮廓图工具■创建轮廓图效果的操作流程如下：

01 使用选择工具■选择需要创建轮廓图的对象，单击工具箱中的轮廓图工具■并在其"属性栏"的预设下拉菜单 预设... 中选择一种轮廓样式。此步的操作并非必须，读者可根据实际需要进行操作。

02 单击到中心按钮■、内部轮廓按钮■、外部轮廓按钮■，可以向选中对象的中心、轮廓内侧或轮廓外侧添加轮廓线。

03 在"轮廓图步长"数值框 8 中输入要创建的同心轮廓线圈的级数，按"回车键"确认即可。在"轮廓图偏移"数值框 1.025 中输入相邻轮廓线之间的距离，按"回车键"确认即可。

04 单击轮廓图角按钮■，在弹出的菜单中，可以设置轮廓的边角为"斜接角"、"圆角"或"斜切角"方式。

05 单击轮廓色按钮■，在弹出的菜单中可以选择"线性轮廓色"、"顺时针轮廓色"和"逆时针轮廓色"选项，从而在颜色色谱中，用直线、顺时针曲线或逆时针曲线所通过的颜色来填充原始对象和最后一个轮廓形状，并据此创建颜色的级数。

06 单击轮廓色按钮 ■□▼，可在其弹出的调色板对话框中选择最后一个同心轮廓线的颜色。单击填充色按钮 ◇□▼■▼前面的颜色选择框，可在其弹出的调色板对话框中选择最后一个同心轮廓的填充颜色。

07 当原始对象中使用了渐变填充效果时，单击展开填充色按钮 ◇□▼■▼ 后面的颜色选择框，可以从弹出的调色板对话框中选择轮廓渐变填充最后的终止颜色。

08 单击对象与颜色加速按钮■，可在弹出的对话框中调节轮廓对象与轮廓颜色的加速度。

例如图12.89所示为原图像，图12.90所示是为其创建轮廓图后的效果。

图12.89 素材图像

图12.90 制作轮廓图后的效果

另外，用户也可以选择"效果－轮廓图"命令调出"轮廓图"泊坞窗，在顶部分

别选择 按钮，可以分别设置轮廓图的步长、颜色及加速等属性，其功能及使用方法与上一小节讲解的在"属性栏"中设置的参数，是基本相同的，故不再详细讲解。

12.8 使用变形效果

由于对象的基本形状是有限的，对于一些特殊形状效果的对象不能直接创建，而需要使用变形工具。通过变形工具可以使简单的基本对象产生推拉变形、拉链变形和扭曲变形三种特殊的形状改变，从而得到形状奇特的效果。

12.8.1 推拉变形效果

推拉变形是通过变形工具实现的一种对象的变形效果。顾名思义，既然是推拉变形，则变形的具体效果可以分为"推"（即将需要变形的对象中的节点全部推离对象的变形中心）和"拉"（即将需要变形的对象中的所有的节点全部都拉向对象的变形中心），而对象的变形中心也可以手动设置。

"推位变形"的具体操作步骤如下所述。

01 选择工具箱中的矩形工具绘制一个如图12.91所示的矩形，并为其添加上轮廓图效果，如图12.92所示。

　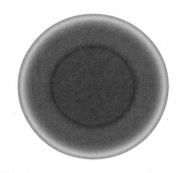

图12.91 绘制的矩形对象　　图12.92 添加轮廓图后的效果

02 选择变形工具，在其"属性栏"中单击推拉变形按钮，如图12.93所示。

图12.93 变形工具的"属性栏"

03 利用鼠标单击需要应用推拉变形的对象，并向外或向内拖动鼠标调整变形的程度，得到如图12.94和图12.95所示的效果。

　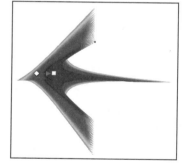

图12.94 向外推拉变形得到的效果　图12.95 向内推拉变形得到的效果

通过"属性栏"上的"推拉振幅"数值框 ~120 可以精确地调整变形的幅度，如图12.96所示。该值的范围是从－200到＋200。其中正值表示"推"变形，负值表示"拉"变形。单击其"属性栏"中的中心变形按钮 ，得到如图12.97所示的效果。对于所创建的不同图形，应用不同的方式进行不同的推拉，将得到不同的效果。

图12.96 调节"推拉振幅"为50的效果

图12.97 中心变形效果

12.8.2 拉链变形效果

拉链变形是通过变形工具 实现的另一种对象的变形效果，使用此变形方式后，将在被选择的对象边缘呈现锯齿状的效果。

拉链变形的具体操作步骤如下所述。

01 选择工具箱中的矩形工具 绘制一个如图12.98所示的矩形，并为其添加上轮廓图效果，如图12.99所示。

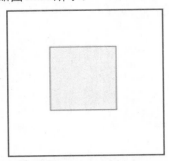

图12.98 绘制的矩形对象

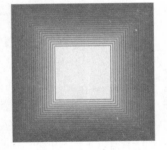

图12.99 应用轮廓图后的效果

02 在工具箱中选择变形工具 。在其"属性栏"中单击拉链变形按钮 。用鼠标单击需要应用拉链变形对象的中心，并拖动鼠标确定拉链效果的幅度，得到图12.100所示的效果。

图12.100 拉链变形

03 通过"属性栏"上的"拉链振幅"数值框 ~0 可以精确地调整变形的幅度，该值的范围是从0到100，同时可以在"拉链频率"数值框中 调整其失真的频率，调整后得到如图12.101所示的效果。

图12.101 调节"拉链振幅"后的效果

04 在该"属性栏"中可以单击随机变形按钮、平滑变形按钮或局限变形按钮中的一种。

> **提示：**
>
> 变形工具的"属性栏"中，在同一图形对象上的不同位置单击并拖动鼠标，可以得到不同的拉链变形效果，用户可以根据不同的需要进行不同效果的尝试。

12.8.3 扭曲变形效果

利用变形工具实现的最后一种变形就是"扭曲"变形，该效果的应用将使得对象呈现出类似于"旋风"的形状特色。

选择变形工具后，在其"属性栏"中选择扭曲变形按钮，如图12.102所示。也可以在其"属性栏"中单击中心变形按钮，可以得到以中心变形的对象效果。

图12.102 扭曲变形的"属性栏"

通过"属性栏"上的"完整旋转"数值框和"打开加角度"数值框可以精确地调整变形的幅度和旋转的数量，同时在"属性栏"上还可以设置扭曲的方向为顺时针或是逆时针。

以图12.103所示的图形为例，图12.104所示是对中心的放射状图形进行扭曲变形处理后的效果，图12.105所示是在该背景上添加了人物及装饰图形后的整体效果。

图12.103 原图像

图12.104 扭曲变形后的效果

图12.105 应用效果

12.8.4 实战演练：白兰地酒包装设计

本例主要利用变形工具制作酒包装中的背景装饰花纹，其操作步骤如下：

01 打开随书所附光盘中的文件"第12课\12.8.4实战演练：白兰地酒包装设计-素材1.cdr"，如图12.106所示。

02 首先，来制作背景中的网纹图形。选择2点线工具，在外部空白位置绘制一条垂直的直线，选择"编辑"|"步长和重复"命令，以显示"步长和重复"泊坞窗，在其中设置参数，如图12.107所示，单击"应用"按钮，得到如图12.108所示的效果。

图12.106 素材文件

图12.107 设置步长参数　图12.108 绘制得到的线条

03 使用选择工具 选中所有的线条，按Ctrl+G 快捷键进行编组，以便于后面进行变形处理和管理。

04 选择变形工具 ，从线条组的右上方向左下方拖动，直至得到如图12.109所示的效果。

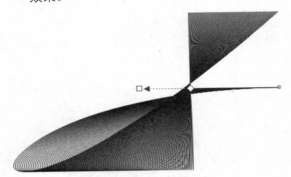

图12.109 变形后的效果

05 选中上一步处理得到的网纹图形，单击"属性栏"上的水平镜像按钮 和垂直镜像按钮 ，得到如图12.110所示的效果。

图12.110 进一步处理后的效果

06 使用选择工具 选中上一步编辑的图形，然后在该图形上单击，调出旋转控制框，然后将其逆时针旋转一定角度，得到如图12.111所示的效果。

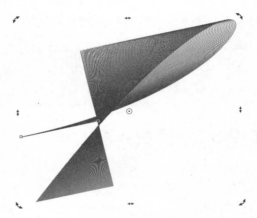

图12.111 旋转图形后的效果

07 将上一步编辑的图形，拖至包装文件中，使其右上角的部分置于包装的左下角，如图12.112所示。

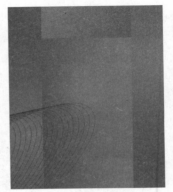

图12.112 摆放图形位置

08 保持网纹图形的选中状态，在"对象属性"泊坞窗中设置其轮廓属性，如图12.113所示，其中所设置的颜色值为（C：47、M：99、Y：100、K：18），得到如图12.114所示的效果。

图12.113 设置轮廓　　图12.114 设置轮廓属性后
　　　属性　　　　　　　　　的效果

09 选中网纹图形，按小键盘上的+键进行原位复制，然后将其旋转一定角度，将尖角的一部分图形，置于包装的右下角位置，如图12.115所示。

10 选中网纹图形，按小键盘上的+键进行原位复制，按照第4步的方法，调整线条的形态，直至得到如图12.116所示的效果。

11 将上一步处理得到的网纹置于包装的顶部中间处，如图12.117所示。

图12.115　摆放图像位置

图12.116　调整线条的效果

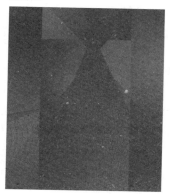

图12.117　摆放图形位置

12 选择透明度工具 ▨，在"属性栏"中设置其参数，如图12.118所示，以隐藏下半部分的网纹，得到如图12.119所示的效果。

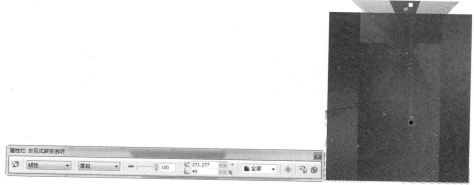

图12.118　设置透明度参数

图12.119　设置透明度后的效果

13 复制网纹图形，并调整其大小、角度及位置，分别置于包装左右两侧的位置，如图12.120所示。

14 按Ctrl+I快捷键，在弹出的对话框中打开随书所附光盘中的文件"第12课\12.8.4 实战演练：白兰地酒包装设计-素材2.psd"，然后将其置于包装的中间位置，得到如图12.121所示的最终效果。

图12.120　制作其他网格后的效果

图12.121　最终效果

12.9 封套效果

利用"封套"可以方便地改变对象的形状，用封套改变形状的方法有很多，如"直线模式"、"单弧模式"、"双弧模式"和"自由变换模式"，还可用CorelDRAW中预设的封套类型。

12.9.1 利用封套工具改变对象形状

下面来讲解一下使用封套工具 改变对象形状的操作方法。

01 在工具箱中选择封套工具 ，并单击需要应用封套的对象，如图12.122所示。

02 对象被选择后，对象的周围将显示出封套的虚线边框，在其"属性栏"中单击需要的封套模式，如直线模式按钮 、单弧模式按钮 、双弧模式按钮 和非强制模式按钮 。

03 利用鼠标拖动节点以改变封套的形状，即可得到改变的对象效果，如图12.123所示，图12.124所示是改变另一组图形的封套后的效果。

图12.122 调出封套控制句柄

图12.123 编辑封套

图12.124 编辑另一组对象的封套

> **提示：**
>
> 如果选择的封套模式不是"非强制模式"，则按住Ctrl键拖动节点可将相邻节点沿相同方向移动相等的距离；按住Shift键拖动节点，可以将相邻节点沿相反方向移动相等的距离；如果同时按住Ctrl键和Shift键，则将同时移动四个角或四条边上的全部节点。对于封套"非强制模式"模式，按住Ctrl键限制节点可以使节点的移动限制在水平或垂直方向内。

12.9.2 通过"封套"泊坞窗使用预设封套

01 使用选择工具 选择需要添加封套的对象，选择"效果"|"封套"命令，弹出"封套"泊坞窗。

02 单击"添加预设"按钮，此时的"封套"泊坞窗如图12.125所示，在弹出的预设封套列表中选择需要的封套效果。如果不希望将直线转换为曲线，在"封套"泊坞窗中可以选择"保留线条"选项，单击"应用"按钮即可将对象置入封套中。

图12.125 单击"添加预设"按钮后的泊坞窗

提示：

也可以利用交互式封套"属性栏"为对象添加预设的封套，其使用方法和"封套"泊坞窗中的"添加预设"封套的使用一样，这里不再详述。

12.10 艺术效果

在CorelDRAW中，艺术笔工具是一种奇妙而强大的绘图工具，使用此工具绘制曲线时，并不是创建简单的路径，而是依据设置的不同而产生不同粗细的轮廓线，每一条轮廓线都具有一个封闭的路径，可以选用不同的颜色为它的轮廓线进行填充。

艺术笔工具的另一个特点是可以在"选项"对话框中自由地设置笔头的形状和粗细，从而产生不同的绘图效果，最奇妙的一点是使用此工具可以产生各种各样的图案。

选择艺术笔工具后，在其"属性栏"上可以看到，它包括了"预设"按钮、"笔刷"按钮、"喷涂"按钮、"书法"按钮和"压力"按钮，下面主要介绍其中常用的绘图方法。

12.10.1 预设模式

单击"预设"按钮可以绘制根据预设形状而改变粗细的曲线，其"属性栏"如图12.126所示。

使用"预设模式"绘制曲线的具体操作步骤如下：

01 在工具箱中选择艺术笔工具。

02 在其"属性栏"上单击"预设"按钮，并在手绘平滑数值框100中设定曲线的光滑度，在艺术笔工具宽度数值框22.5 mm中输入宽度，然后按回车键确认。

03 从预设笔触列表下拉列表框中选择预设曲线形状，将光标移动到绘图区上要开始绘制曲线的位置，沿所要的路径拖动鼠标，即可按预设的形状绘制出曲线，绘制得到的效果如图12.127所示。

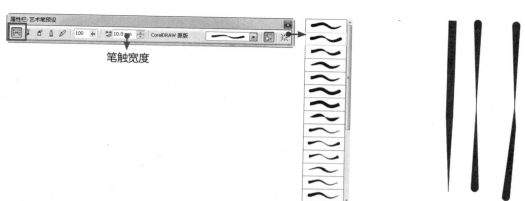

笔触宽度

图12.126 设置"属性栏"　　　　图12.127 预设模式绘制效果

12.10.2 笔刷模式

单击"笔刷"按钮可以绘制出类似刷子刷出的效果，其"属性栏"如图12.128所示。

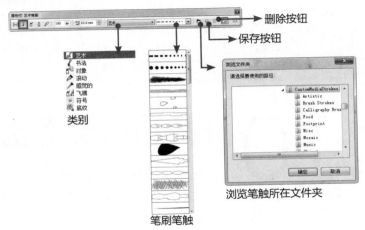

删除按钮

保存按钮

类别

浏览笔触所在文件夹

笔刷笔触

图12.128 设置"属性栏"

笔刷模式的使用方法

使用"笔刷模式"绘制曲线的具体操作步骤如下:

01 单击手绘工具█右下角的黑色小三角形,在弹出的隐藏工具中单击艺术笔工具█。

02 单击其"属性栏"上的"笔刷"按钮█。在"属性栏"上的手绘平滑数值框 100 中设定曲线的光滑度,在艺术笔工具█宽度数值框 22.5 mm 中输入宽度,然后按回车键确认。

03 在"类别"下拉列表中选择需要的笔刷类别,然后从"笔刷笔触"下拉列表框中选择笔触的形状,将光标移动到绘图页面要开始绘制的位置。沿所要绘制的路径拖动鼠标,即可按选择的刷子形状绘制出曲线,绘制得到的效果如图12.129所示。

图12.129 画笔模式绘制效果及所选样式

指定笔触库的位置

单击浏览按钮█,在弹出的对话框中可以指定笔触所在的文件夹。默认情况下是指向CorelDRAW软件自带的位置,如果我们找到相关的资源文件,可以通过这种方法指定所在的文件夹,以使用这些资源。

自定义笔触

在很多特殊的情况下,使用CorelDRAW自带的笔触远不能满足我们的需求,因此该软件提供了自定义笔触的功能。要自定义笔触,可以按照下述方法操作:

01 打开随书所附光盘中的文件"第12课\12.10.2 笔刷模式-素材.cdr",如图12.130所示,在本例中,将以左侧的图案为例,讲解定义笔触的操作方法。

图12.130 原图像

02 使用选择工具框选左侧的全部图形。

03 选择艺术笔工具，并在其"属性栏"中单击保存预设按钮，在弹出的对话框中输入笔触的名称，然后单击"确定"按钮退出对话框即可。

04 此时，自定义的画笔预设已经出现在笔触列表中，且默认为选中状态，如图12.131所示，如图12.132所示是使用此笔触绘制得到的效果。

图12.131 刚刚定义的笔触

图12.132 绘制效果

删除笔触

要删除某个笔触，可以在笔触下拉列表中选中它，然后单击右侧的删除按钮，在弹出的对话框中单击"是"按钮即可。

在CorelDRAW中，只能删除自定的笔触，而软件自带的画笔是无法删除的。

12.10.3 喷涂模式

单击"喷涂"按钮可以创建很多不同的图案，在CorelDRAW中提供了多种喷涂样式供选择。其"属性栏"如图12.133所示。

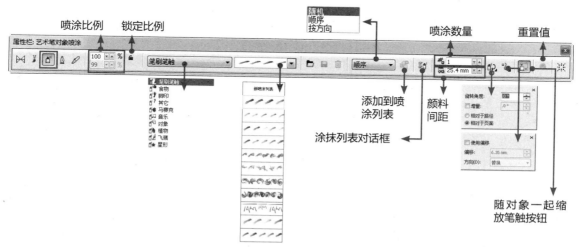

图12.133 喷涂工具的"属性栏"

了解颜料与喷涂对象之间的关系

在学习"喷涂"模式下的艺术笔工具之前，首先需要了解一下颜料与喷涂对象之间的关系，以便于更好的学习后面的知识。

简单来说，喷涂对象是使用艺术笔工具在"喷涂"模式下涂抹得到的一组对象，而颜料即指喷涂对象中的元素。例如图12.134所示的图形就是使用软件自带的喷涂样式绘制得到的图形，那么其整体就被称为喷涂对象，而其中红色、蓝色及黄色等气球即称之为颜料。

图12.134 一个喷涂对象中包括多个颜料

设置喷涂比例

在喷涂比例数值输入框中，可以输入喷涂宽度及高度的百分比。当后面的锁定比例

按钮处于锁定状态时，可以同时设置此处的两个数值，当处于开启状态时，仅可以设置上方的数值。另外，在"顺序"下拉菜单中选择不同的选项，可以控制颜料的方向。

以图12.135所示的原图像为例，图12.136、图12.137所示是分别设置不同参数时得到的绘画效果。

图12.135 素材图像

图12.136 绘画效果1

图12.137 绘画效果2

自定义喷涂的颜料

单击喷涂列表对话框按钮，即可调出"创建播放列表"对话框，在此可以添加或删除喷涂中的某个颜料。在选择不同的喷涂对象时，弹出的对话框内容也不尽相同，如图12.138

所示。

图12.138 选择不同喷涂时的对话框状态

在此对话框中，通过在左侧列表中双击图像名称，即可向右侧添加颜料，而在右侧列表中双击图像名称，即可移除该颜料，通过这样的设置，可以控制最终在喷涂时得到的图形状态。例如图12.139所示为原图像，图12.140所示是当时所设置的"创建播放列表"对话框，图12.141所示是修改后得到的效果，可以看出，喷涂列表中的颜料明显减少了。

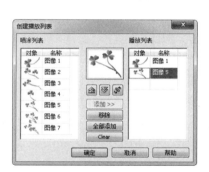

图12.139 素材图像　　图12.140 设置的"创建播放列表"对话框　　图12.141 编辑颜料后的效果

自定义喷涂

相对于自定义笔触而言，自定义喷涂的操作更为简单一些，只需要选中要定义的对象，然后单击"属性栏"上的添加到喷涂列表按钮即可。

我们要定义的喷涂必须与软件自带的喷涂有所区别，否则将无法进行自定义。

12.10.4　书法模式

单击"书法"按钮可以绘制根据曲线的方向改变粗细的曲线，类似于使用书法笔绘制的效果，其"属性栏"如图12.142所示。

图12.142 设置"属性栏"

使用"书法模式"绘制曲线的具体操作步骤如下：

01 选择艺术笔工具 ，单击其"属性栏"中的"书法"按钮 。

02 在其"属性栏"中的手绘平滑数值框 100 中设定曲线的光滑度，在艺术笔工具 宽度数值框 10.0 mm 中输入宽度，在书法角度数值框 .0 中输入一个角度值，然后按回车键。

03 将光标定位到绘图区上要开始绘制曲线的位置拖动，即可按设定的宽度与角度绘制出需要的曲线。

> **提示：**
> 在书法角度数值框 .0 中输入一个数值来指定笔头与绘图页接触的角度，如果需要水平的笔头时输入0，需要垂直的笔头时输入90，需要倾斜的笔头时输入 0～360 之间的其他数值。

以图12.143所示的原图像为例，图12.144是使用此模式制作得到的图形效果。

图12.143 素材图像

图12.144 书法效果

12.10.5 将艺术笔应用于即有图形

除了直接使用艺术笔工具 进行绘制外，也可以将艺术笔中的艺术笔触应用于当前已有的图形，其操作方法非常简单，只需要选中图形，然后选择艺术笔工具 ，并在其"属性栏"中选择需要的艺术模式即可。

以上面讲解过的预设模式为例，图12.145所示为原图像，图12.146所示是分别为其应用不同笔触时的效果。

图12.145 素材图像

图12.146 应用艺术笔触后的效果

12.11 设计综合实例：《贵临门》月饼包装设计

本例主要是使用阴影工具 以及复制阴影等功能，设计一款月饼包装作品，其操作步骤如下：

01 打开随书所附光盘中的文件"第12课\12.11 设计综合实例：《贵临门》月饼包装设计-素材.cdr"，如图12.147所示。在本例中，将为月饼包装的各个元素添加阴影，使之具有更好的层次感。

图12.147 素材图像

02 选择右上角的圆形，选择阴影工具，在"属性栏"中设置其参数，如图12.148所示，其中使用的阴影颜色值为（C：56、M：93、Y：100、K：45），得到如图12.149所示的效果。

图12.148 设置阴影参数　　　　　　　　　　图12.149 添加阴影后的效果

03 选择左上角的圆形，在选择阴影工具的情况下，单击"属性栏"中的复制阴影效果属性按钮，此时光标将变为➡状态，在右上角图像的阴影处单击，如图12.150所示，以复制其阴影效果，如图12.151所示。

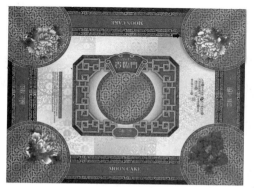

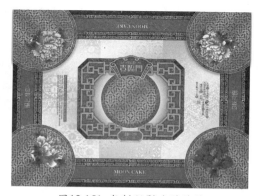

图12.150 摆放光标位置　　　　　　　　　　图12.151 复制阴影后的效果

04 为左下角的圆形、右下角的圆形，以及四角的花朵、中间的各个元素增加阴影，直至得到类似如图12.152所示的效果。

05 选中左上角的花朵图像，按小键盘上的+键进行原位复制，将其移动到中间的位置，并适当调整其角度，如图12.153所示。

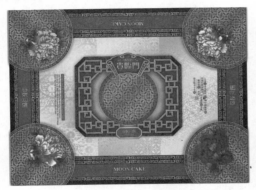

图12.152 为其他元素添加阴影后的效果

图12.153 复制并调整位置后的效果

06 复制其他的花朵至中间处，并适当调整其大小、角度及位置，得到如图12.154所示的效果。

图12.154 最终效果

12.12 学习总结 ———————

在本课中，主要讲解了CorelDRAW中提供的各大融合与特效处理功能。通过本课的学习，读者应熟练掌握制作阴影效果、立体效果、调和效果、透明效果及艺术效果的方法，同时还应该熟悉透镜效果、轮廓图效果、变形效果及封套效果的使用方法。同时还要注意的是，调和、变形等效果，仅能应用于图形对象，而阴影、透明效果等，则可以应用于几乎所有的对象，因此在学习和使用时，要注意区分。

12.13 练习题 ———————

一、选择题

1. 打开"封套"泊坞窗的快捷键是_____。

 A. Ctrl+F7 B. Ctrl+F8 C. Ctrl+F9 D. Ctrl+F10

2. 关于调和功能，以下说法正确的有_____。

 A. 群组可与单一对象调和 B. 图样填充对象可以调和

 C. 艺术笔对象可以调和 D. 位图可以调和

3. 以下的工具中有几个是交互式工具_____。

A. 缩放　　　　　　　　B. 移动　　　　　　　　C. 填充

D. 透明　　　　　　　　E. 调和　　　　　　　　F. 立体

G. 透镜　　　　　　　　H. 文本　　　　　　　　I. 透视点

4. 使用以下的哪种工具可以创建从一个图形对象到另一个图形对象之间的形状混合渐变效果_____。

A. 阴影工具　　　　B. 透明度工具　　　　C. 变形工具　　　　D. 调和工具

5. 使用透明度工具可以为对象添加哪些透明效果_____。

A. 标准　　　　　　　　B. 渐变　　　　　　　　C. 位图图样　　　　　　　　D. 底纹

6. 在"透镜"泊坞窗中有哪些透镜效果_____。

A. 颜色添加　　　　　　B. 色彩限度　　　　　　C. 鱼眼　　　　　　　　D. 反显

7. 在直线调和中，中间对象显示两个原始对象之间的哪些属性的渐进情况_____。

A. 形状　　　　　　　　B. 轮廓色　　　　　　　C. 大小　　　　　　　　D. 填充色

8. 可以为下列哪些对象添加交互式透明？ _____

A. 段落文本

B. 位图

C. 使用调和工具创建的对象

D. 使用阴影工具创建的对象

9. 在清除对象的阴影效果时，可以_____。

A. 用选择工具单击对象，然后单击"属性栏"上的清除阴影按钮

B. 用选择工具单击对象的阴影区，然后选择"排列"|"拆分阴影群组"命令

C. 用选择工具单击对象本身，然后选择"排列"|"拆分阴影群组"命令

D. 用形状工具单击对象的阴影区，然后单击"属性栏"上的清除阴影按钮

二、填空题

1. 变形工具包含_____种变形方式。

2. CorelDRAW为用户提供了_____、_____、_____、_____和_____共5种艺术笔选项。

3. 封套工具包括_____、_____、_____和_____共4种封套模式。

4. 轮廓图的效果有_____、_____和_____共3种。

5. 变形工具自身提供了3种变形方式，分别为_____、_____和_____。

6. 在使用调和工具时，可设置的类型有_____、_____和_____。

三、上机题

1. 打开随书所附光盘中的文件"第12课\12.13 题1-素材.cdr"，如图12.155所示。结合本课讲解的知识，制作得到如图12.156所示的立体效果。

图12.155 素材　　　　　　　　　　图12.156 制作得到的立体效果

2. 打开随书所附光盘中的文件"第12课\12.13 题2-素材.cdr"，如图12.157所示，结合本课讲解的知识，为其中的文字增加白色的发光效果，如图12.158所示。

图12.157 素材图像

图12.158 制作得到的效果

3. 打开随书所附光盘中的文件"第12课\12.13 题3-素材.cdr"，如图12.159所示，结合本课讲解的知识，为其中的文字增加白色的发光效果，如图12.160所示。

图12.159 素材图像

图12.160 制作得到的效果

第13课
综合案例

本课展示了6个完整案例的制作过程。这些案例类型的范围涉及艺术处理、插画设计、宣传页设计、包装设计、广告设计及封面设计等领域，建议在学习这些案例之前，先尝试使用光盘中提供的素材自己制作这些案例，在制作过程中遇到问题之后再仔细阅读本课所讲解的相关步骤，以加强学习效果。

13.1 时尚花纹插画设计

本例设计了一款时尚花纹主题的插画作品。在绘制过程中，需要绘制大量的螺旋、花朵等图形，然后配合不同的色彩搭配，完成各类装饰图形。对于画面中的主体图形，除了绘画之外，还需要结合调和及沿路径调和等功能，来丰富主体内容。

01 按Ctrl+N快捷键新建一个文档，设置文档的尺寸为140mm×210mm，并在"属性栏"中单击"横向"按钮▢，双击矩形工具▢，得到与绘图区同样大小的矩形框，设置填充的颜色值为（C：50、M：35、Y：0、K：0），右击调色板上无填充色块隐藏轮廓，得到如图13.1所示的效果。

图13.4 绘制形状并填充颜色

04 单击艺术笔工具▨，在"属性栏"中设置相关参数如图13.5所示，在绘图纸上绘制如图13.6所示的形状。设置填充的颜色为洋红，右击调色板上无填充色块隐藏轮廓，得到如图13.7所示的效果。

图13.1 绘制矩形

图13.5 艺术笔"属性栏"设置

02 使用贝塞尔工具▨绘制如图13.2所示的形状。在"对象属性"泊坞窗中设置填充的颜色值为（C：100、M：25、Y：0、K：0），右击调色板上无填充色块隐藏轮廓，得到如图13.3所示的效果。

图13.6 绘制形状

图13.2 绘制形状　　　图13.3 填充颜色

03 按照步骤2的操作方法绘制形状，分别设置其颜色值为（C：49、M：0、Y：0、K：0）、（C：0、M：100、Y：100、K：32）、（C：0、M：100、Y：15、K：2）和青色，得到如图13.4所示的效果。

图13.7 填充颜色

05 使用艺术笔工具，在绘图纸上绘制其他形状，在绘制的过程中，可以根据需要设置不同的宽度，并填充适当的颜色，得到如图13.8所示的效果。

图13.8 绘制形状

06 使用贝塞尔工具绘制形状，设置填充的颜色值为（C：0、M：100、Y：100、K：25），右击调色板上无填充色块隐藏轮廓，得到如图13.9所示的效果。

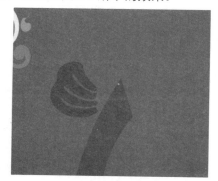

图13.9 绘制形状

07 在选中图形的状态下，再次单击，将控制中心点移动到如图13.10所示的位置。

图13.10 控制中心点状态

08 按小键盘上的+键原位复制一个形状，在"属性栏"中设置旋转角度为72°，接着按Ctrl+D快捷键应用"再制"命令3次，直

至得到如图13.11所示的效果。

图13.11 再制后的效果

09 使用椭圆形工具、贝塞尔工具、"旋转"和"再制"命令绘制花蕊，得到如图13.12所示的效果。

图13.12 绘制花蕊

10 用框选的方法选中花瓣，按Ctrl+G快捷键进行群组，接着按Ctrl+D快捷键复制一个，并放置到适当的位置，设置填充的颜色值为（C：0、M：100、Y：72、K：0），得到如图13.13所示的效果。

图13.13 调整后的效果

11 用框选的方法选中花瓣，按Ctrl+D快捷键复制多个，缩小后放置到适当的位置，得到如图13.14所示的效果。

12 选择其中的一个花瓣，按Ctrl+D快捷键复制多个并填充不同的颜色，缩小后放置到适当的位置，得到如图13.15所示的效果。

图13.14 复制后的效果　　图13.15 调整后的效果

13 使用贝塞尔工具 绘制形状，设置填充的颜色为黄色，右击调色板上无填充色块隐藏轮廓，得到如图13.16所示的效果。

图13.16 绘制鞋底

14 使用贝塞尔工具 绘制形状，设置填充的颜色值为（C：100、M：16、Y：0、K：0），右击调色板上无填充色块隐藏轮廓，得到如图13.17所示的效果。

图13.17 绘制脚

15 使用贝塞尔工具 绘制形状，设置填充的颜

色为黄色，右击调色板上无填充色块隐藏轮廓，得到如图13.18所示的效果。

图13.18 绘制鞋带

16 在"对象属性"泊坞窗中设置轮廓属性，如图13.19所示，使用贝塞尔工具 在绘图纸上绘制如图13.20所示的线条。

图13.19 设置轮廓属性

图13.20 绘制轮廓线条1

17 使用贝塞尔工具 继续绘制线条，直至得到如图13.21所示的效果。

18 使用贝塞尔工具 在脚部绘制指甲效果，设置填充的颜色值为（C：0、M：0、Y：36、K：0），右击调色板上无填充色块隐藏轮廓，得到如图13.22所示的效果。

图13.21 绘制轮廓线条2

图13.22 绘制指甲

19 使用贝塞尔工具绘制其他指甲，得到如图13.23所示的效果。

图13.23 绘制其他指甲

20 在"对象属性"泊坞窗中，设置填充的颜色值为（C：89、M：0、Y：0、K：0），然后在轮廓色的颜色下拉列表框中选择"更多"，在弹出的"选择颜色"对话框中设置轮廓的颜色值为（C：10、M：0、Y：30、K：0），得到如图13.24所示的效果。

图13.24 设置轮廓后的效果1

21 使用贝塞尔工具绘制形状，设置其填充色为洋红，轮廓色的颜色值为（C：10、M：0、Y：30、K：0），轮廓宽度为"发丝"，得到如图13.25所示的效果。

22 用框选的方法选中两个形状，使用调和工具从下方的形状向上方的形状上拖动鼠标，

并在"属性栏"中设置步长形状之间的偏移量为10，得到如图13.26所示的效果。

图13.25 设置轮廓后的效果2

图13.26 调和后的效果

23 结合使用贝塞尔工具、调和工具和"镜像"命令绘制脚部的蝴蝶，如图13.27所示。

图13.27 绘制蝴蝶

24 使用椭圆形工具▣在绘图纸上绘制椭圆形，设置填充色为无，轮廓色为白色，轮廓宽度为0.4mm，得到如图13.28所示的效果。

图13.28 设置轮廓后的效果

25 选择刚绘制好的圆形，按Ctrl+Shift+Q快捷键将轮廓转换为对象。再次单击椭圆形工具▣，在绘图区绘制椭圆形，设置填充的颜色为白色，右击调色板上无填充色块隐藏轮廓，得到如图13.29所示的效果。

图13.29 绘制圆形

26 用框选的方法选中两个圆形，在"属性栏"中单击"合并"按钮▣，将两个圆形结合在一起。选择合并后的形状，按Ctrl+D快捷键复制一个，并设置填充的颜色为紫色，如图13.30所示。

图13.30 调整后的效果

27 用框选的方法选中两个形状，使用调和工具▣从下方的形状向上方的形状上拖动鼠标，并在"属性栏"中设置步长形状之间的偏移量为100，得到如图13.31所示的效果。

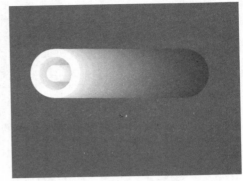

图13.31 应用调和后的效果

28 使用贝塞尔工具▣在绘图纸上绘制路径，如图13.32所示，选择圆形，选择"效果一调和"命令，在弹出的泊坞窗中单击"路径"按钮，在弹出的下拉列表框中选择"新路径"命令，将光标置于路径上，呈现如图13.33所示的状态，单击并勾选"调和"对话框中的"沿全路径调和"复选框，单击"应用"按钮，得到如图13.34所示的效果。

图13.32 绘制路径

图13.33 光标状态

图13.34 调和后的效果

29 从图像中可以看出路径线是有颜色的，使用选择工具▣选中路径，右击调色板上的无填充色块，以将轮廓设置为无色，得到如图13.35所示的效果。

图13.35 隐藏路径后的效果

30 单击工具箱中的透明度工具▣，在"属性栏"中设置参数如图13.36所示，得到如图13.37所示的效果。

图13.36 "属性栏"设置

图13.37 应用透明度"命令后的效果

31 结合"再制"命令，使用贝塞尔工具▣和调和工具▣绘制其他路径图形，得到如图13.38所示的最终效果。

图13.38 最终效果

13.2 卡通风格插画设计

本例设计的是一款卡通风格的插画，在绘制过程中，除了基本的图形绘制功能外，还大量的使用了各类的渐变，以增加图形之间的过渡效果。另外，本例还使用了调和、再制等高级功能，来完善和丰富插画内容。

01 按Ctrl+N快捷键新建一个文档，设置文档的尺寸为180mm×180mm，并在"属性栏"中单击"纵向"按钮▣，双击矩形工具▣，得到与绘图区同样大小的矩形框，在"对象属性"泊坞窗中设置其填充参数如图13.39所示，确认后得到如图13.40所示的效果，右击调色板上无填充色块隐藏轮廓。

图13.39 设置填充属性　　图13.40 应用"渐变填充"后的效果

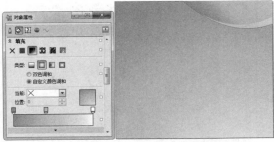

图13.43 设置填充属性　图13.44 渐变填充后的效果

提示：

　　在"对象属性"泊坞窗中，渐变的颜色值从左至右分别为（C：2、M：36、Y：99、K：0）、（C：2、M：9、Y：99、K：0）和白。

提示：

　　在"对象属性"泊坞窗中，渐变的颜色值从左至右分别为（C：0、M：90、Y：100、K：0）、（C：2、M：9、Y：99、K：0）和白。

02 单击工具箱中的贝塞尔工具，在绘图区的顶部绘制曲线图形，在"对象属性"泊坞窗中设置其填充参数如图13.41所示，确认后得到如图13.42所示的效果，右击调色板上无填充色块隐藏轮廓。

04 使用贝塞尔工具绘制如图13.45所示的形状，设置颜色为白色，右击调色板上无填充色块隐藏轮廓，得到如图13.46所示的效果。

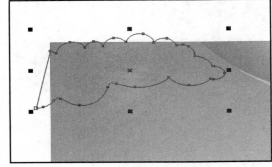

图13.45 绘制形状

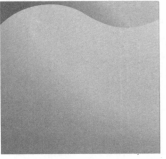

图13.41 设置填充属性　图13.42 渐变填充后的效果

提示：

　　在"对象属性"泊坞窗中，渐变的颜色值从左至右分别为（C：2、M：64、Y：100、K：0）、（C：2、M：9、Y：99、K：0）和白。

图13.46 填充颜色

03 使用贝塞尔工具绘制形状，在"对象属性"泊坞窗中设置其填充参数如图13.43所示，确认后得到如图13.44所示的效果（为了便于观察，在这里我们设置了轮廓线），右击调色板上无填充色块隐藏轮廓。

05 选择刚绘制好的形状，按Ctrl+D快捷键复制3个，并分别更改其颜色值，旋转并移至如图13.47所示的位置。

06 选择白色，单击工具箱中的透明度工具，在"属性栏"中设置参数，如图13.48所示，得到如图13.49所示的效果。

图13.47 调整后的效果

图13.48 透明度"属性栏"设置

图13.49 应用透明后的效果

07 结合使用贝塞尔工具 ✎ 和渐变填充工具 ■ 绘制形状，如图13.50所示（为了便于观察，在这里我们设置了轮廓线）。

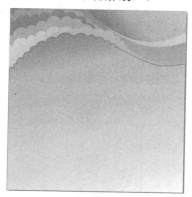

图13.50 绘制形状

> **提示：**
>
> 　　在"对象属性"泊坞窗中，前一个渐变的颜色值从左至右分别为（C：2、M：8、Y：99、K：0）和（C：2、M：7、Y：98、K：0）；后一个渐变的颜色值从左至右分别为白色、（C：2、M：9、Y：99、K：0）和（C：1、M：72、Y：100、K：0）。下面制作放射的光线效果。

08 使用贝塞尔工具 ✎ 绘制形状，在"对象属性"泊坞窗中设置其填充参数如图13.51所示，确认后得到如图13.52所示的效果，右击调色板上无填充色块隐藏轮廓。

图13.51 设置填充属性

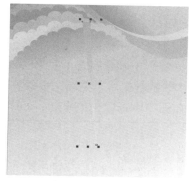

图13.52 渐变填充效果

> **提示：**
>
> 　　在"对象属性"泊坞窗中，渐变的颜色值从左至右分别为白色、（C：0、M：0、Y：100、K：0）和（C：2、M：22、Y：96、K：0）。

09 选择透明度工具 ☑，在"属性栏"中设置参数，如图13.53所示，得到如图13.54所示的效果。

图13.53 透明度"属性栏"设置

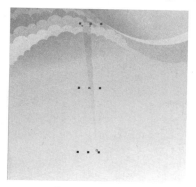

图13.54 透明效果

10 在选中图形的状态下，再次单击，将控制中心点移动到光线的最底部，如图13.55所示。

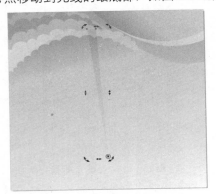

图13.55 调整控制中心点位置

11 按小键盘上的+键原位复制一个圆形，在"属性栏"中设置旋转角度为8°，接着按Ctrl+D快捷键应用"再制"命令多次，直至得到如图13.56所示的效果。

图13.56 再制后的效果

12 使用选择工具 将刚复制的射线全部选中，按Ctrl+G快捷键进行群组。使用"效果"|"图框精确剪裁"|"放置在容器中"命令，当出现箭头光标时，在背景框上单击即可将所绘制的射线放置在背景框中，得到如图13.57所示的效果。

图13.57 精确裁剪后的效果

13 结合使用贝塞尔工具 及渐变填充工具 绘制地面，得到如图13.58所示的效果。

图13.58 绘制地面图形

14 使用贝塞尔工具 绘制形状，在"对象属性"泊坞窗中设置其填充参数如图13.59所示，确认后得到如图13.60所示的效果，右击调色板上无填充色块隐藏轮廓。

图13.59 设置填充属性

图13.60 渐变填充效果

提示：

在"对象属性"泊坞窗中，渐变的颜色值从左至右分别为（C：2、M：9、Y：99、K：0）、（C：2、M：9、Y：99、K：0）、（C：0、M：99、Y：100、K：0）和（C：25、M：100、Y：96、K：24）。

15 单击工具箱中的椭圆形工具◎，绘制两个正圆形，如图13.61所示。

图13.61 绘制正圆

16 用框选的方法选中两个形状，使用调和工具◎从左侧的形状上向右侧的形状上拖动鼠标，并在"属性栏"中设置步长形状之间的偏移量为35，得到如图13.62所示的效果。

图13.62 应用调和后的效果

提示：

在"对象属性"泊坞窗中，设置大圆的颜色值为（C：1、M：16、Y：96、K：0），小圆的颜色值为（C：1、M：72、Y：100、K：0）。

17 使用贝塞尔工具◎沿着形状的边缘绘制路径，如图13.63所示，选择调和后的形状，使用"效果"|"调和"命令，在弹出的泊坞窗中单击"路径"按钮，在弹出的下拉列表框中，选择"新路径"，将光标置于路径上，呈现如图13.64所示的状态，单击并勾选"调和"泊坞窗中的"沿全路径调和"复选框，单击"应用"按钮，得到如图13.65所示的效果。

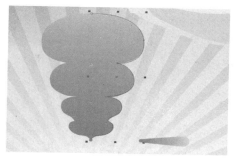

图13.63 绘制路径

图13.64 光标状态

图13.65 调和后的效果

18 从图像中可以看出路径线是有颜色的，使用选择工具◎选中路径，右击调色板上的无填充色块，将轮廓设置为无色，按Ctrl+PgDn快捷键后移一层，得到如图13.66所示的效果。

图13.66 调整后的效果

19 选择调和后的形状，选择"窗口"|"泊坞窗"|"变换"|"比例"命令，在弹出的"变换"泊坞窗中单击"水平镜像"按钮◎，然后单击"应用到再制"按钮，得到如

图13.67所示的效果。

图13.67 水平镜像后的效果

20 使用贝塞尔工具绘制形状，在"对象属性"泊坞窗中设置其填充参数如图13.68所示，确认后得到如图13.69所示的效果，右击调色板上无填充色块隐藏轮廓。

图13.68 "对象属性"泊坞窗

图13.69 渐变填充效果

提示:

在"对象属性"泊坞窗中，渐变的颜色值从左至右分别为（C：0、M：99、Y：100、K：0）、（C：0、M：99、Y：100、K：0）、（C：0、M：93、Y：100、K：0）和（C：0、M：92、Y：100、K：0）。

21 使用贝塞尔工具绘制形状，在"对象属性"泊坞窗中设置其填充参数如图13.70所示，确认后得到如图13.71所示的效果，右击调色板上无填充色块隐藏轮廓。

图13.70 设置填充属性　　图13.71 渐变填充效果

提示:

在"对象属性"泊坞窗中，渐变的颜色值从左至右分别为（C：0、M：99、Y：100、K：0）、（C：0、M：99、Y：100、K：0）、（C：0、M：93、Y：100、K：0）和（C：0、M：92、Y：100、K：0）。

22 结合使用贝塞尔工具、渐变填充工具及"镜像"命令绘制其他形状，得到如图13.72所示的效果。

23 用框选的方法选择所有的图形，按Ctrl+G快捷键进行群组，并按Ctrl+PgDn快捷键多次调整叠放顺序，得到如图13.73所示的效果。

图13.72 绘制树木　　图13.73 调整叠放顺序后的效果

24 选择树木，按Ctrl+D快捷键复制多个，缩小后放置到适当的位置，得到如图13.74所示的效果。

图13.74 调整后的效果

25 使用椭圆形工具⬭、贝塞尔工具➘和渐变填充工具▮绘制松鼠，如图13.75所示。

图13.75 绘制松鼠

26 单击工具箱中的艺术笔工具🖉，在"属性栏"中设置参数，如图13.76所示，在绘图纸上绘制如图13.77所示的枫叶效果。

图13.76 艺术笔"属性栏"设置

图13.77 绘制枫叶

27 选择刚绘制好的枫叶，按Ctrl+K快捷键打散艺术笔群组，接着按Ctrl+U快捷键取消群组，并删除不需要的形状，得到如图13.78所示的效果。

中，得到如图13.79所示的效果。

图13.79 调整叠放顺序后的效果

图13.78 删除后的效果

28 选择枫叶，缩放后按Ctrl+PgDn快捷键多次设置叠放顺序，将枫叶放置在松鼠的手

29 选择枫叶和松鼠，按Ctrl+G快捷键进行群组，单击工具箱中的阴影工具🖉，从松鼠的中间位置向左下方拖动鼠标，在"属性栏"中设置参数如图13.80所示，得到如图13.81所示的效果。

图13.80 "属性栏"设置

图13.81 应用阴影后的效果

提示：

设置阴影的颜色值为（C：0、M：71、Y：96、K：0）。

30 结合使用椭圆形工具 、贝塞尔工具 和渐变填充工具 绘制树上的小鸟，得到如图13.82所示的最终效果。

图13.82 最终效果

13.3 "天使之城"婚纱摄影宣传三折页设计

本例是为"天使之城"婚纱摄影设计的三折页宣传品。在制作过程中，为图形应用了大量的渐变色彩，使之看起来更为柔和。配合绘制图形、精确裁剪图像等功能，以及精美的照片，使三折页整体给人以浪漫、唯美、大气、专业的视觉感受，并从内心产生依赖感觉，最终促成用户的购买行为。

01 新建一个文档，设置文档的尺寸为297mm×210mm，并在"属性栏"中单击横向按钮 ，按Ctrl+J快捷键调出"选项"对话框，分别设置水平和垂直辅助线的参数，如图13.83和图13.84所示，得到如图13.85所示的效果。

图13.83 设置水平辅助线

图13.84 设置垂直辅助线

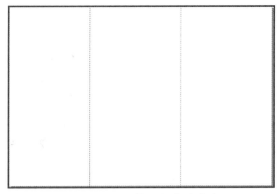

图13.85 设置辅助线后的效果

02 使用矩形工具▢绘制矩形,在"对象属性"泊坞窗中设置其填充属性如图13.86所示,确认后右击调色板上无填充色块隐藏轮廓,得到如图13.87所示的效果,作为折页的面封。

图13.86 "对象属性"泊坞窗

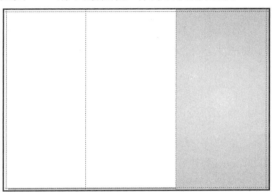

图13.87 渐变填充效果

> **提示:**
>
> 折页的宽度数值从左到右分别为包折页(91mm)+封底(103mm)+面封(103mm)=297mm,折页的高度数值为210mm。由于包折页需要包在面封与封底内部,因此其宽度应小于面封与封底的宽度,以避免折叠时出现起拱的问题。

> **提示:**
>
> 在"对象属性"泊坞窗中,渐变的颜色值为从(C:5、M:10、Y:20、K:0)到(C:2、M:3、Y:11、K:0)。

03 使用矩形工具▢绘制矩形,使用"编辑"|"复制属性自"命令,在弹出的"复制属性"对话框中进行参数设置,如图13.88所示,单击"确定"按钮,出现如图13.89所示的箭头光标,在面封上单击复制其属性,得到如图13.90所示的效果,作为折页的封底。

图13.88 "复制属性"对话框

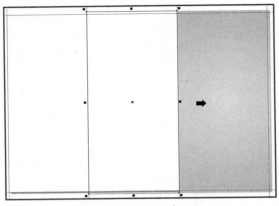

图13.89 光标状态

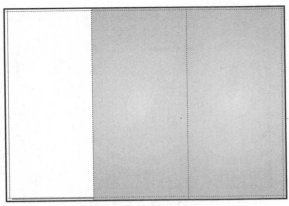

图13.90 复制属性效果

04 使用矩形工具 在内页绘制矩形，设置
填充的颜色值为（C：2、M：3、Y：11、
K：0），右击调色板上无填充色块隐藏轮
廓，得到如图13.91所示的效果，作为折页的
内页。

图13.94 绘制圆角矩形

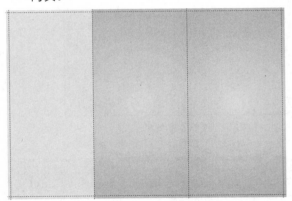

图13.91 绘制内页

06 选择矩形，在"对象属性"泊坞窗中设置其
填充属性如图13.95所示，确认后右击调色
板上无填充色块隐藏轮廓，得到如图13.96
所示的效果。

05 使用矩形工具 在面封上绘制一个矩形，
如图13.92所示，在"属性栏"中设置参
数，如图13.93所示，得到如图13.94所示的
效果。

图13.95 "对象属性"泊坞窗

图13.92 绘制矩形 图13.93 矩形"属性栏"设置

图13.96 渐变填充效果

07 使用椭圆形工具，在矩形上绘制四个正圆形，如图13.97所示。

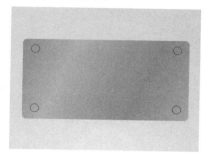

图13.97 绘制正圆形

08 用框选的方法选中矩形和正圆形，并在"属性栏"中单击"移除前面对象"按钮，得到如图13.98所示的效果。

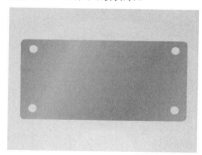

图13.98 移除前面对象后的效果

09 按照步骤5的操作方法，再绘制一个圆角矩形，在"对象属性"泊坞窗中设置轮廓的颜色值为（C：40、M：70、Y：85、K：0），宽度为"发丝"，得到如图13.99所示的效果。

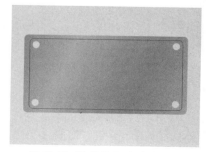

图13.99 设置轮廓后的效果

10 单击文本工具，再单击其"属性栏"中的"水平方向"按钮，在矩形的中心位置输入文字，设置文字的颜色值为（C：40、M：70、Y：85、K：0），如图13.100所示。

图13.100 输入文字

11 使用贝塞尔工具在标志上绘制两条颜色值为（C：40、M：70、Y：85、K：0）的直线，如图13.101所示。

图13.101 绘制直线

12 单击基本形状工具，并在其"属性栏"中单击"完美形状"按钮，在弹出的"完美形状"泊坞窗中选择如图13.102所示的形状，绘制颜色值为（C：2、M：27、Y：96、K：0）的心形，得到如图13.103所示的效果。

图13.102 完美形状　　图13.103 绘制心形
　　　泊坞窗

13 用框选的方法选择标志，按Ctrl+D快捷键复制一个，并放置在封底底部的中心位置，并设置填充和描边的颜色值为（C：25、M：51、Y：91、K：0），效果如图13.104所示，如图13.105所示为封底的局部效果。

图13.104 更改颜色后的效果   图13.105 局部效果

14 单击文本工具，再单击其"属性栏"中的"水平方向"按钮，在矩形的中心位置输入文字，设置文字的颜色值为（C：25、M：51、Y：91、K：0），效果如图13.106所示，如图13.107所示为封底的局部效果。

图13.106 输入文字   图13.107 局部效果

15 使用贝塞尔工具，在内页上绘制如图13.108所示的形状。设置填充的颜色值为（C：30、M：48、Y：76、K：0），右击调色板上无填充色块隐藏轮廓，得到如图13.109所示的效果。

图13.108 绘制形状   图13.109 填充颜色

16 选择刚绘制好的形状，单击透明度工具，在"属性栏"中设置参数，如图13.110所示，得到如图13.111所示的效果。

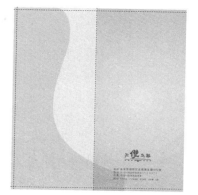

图13.110 "属性栏"设置

图13.111 应用透明后的效果

17 使用贝塞尔工具，在内页上绘制如图13.112所示的形状。设置填充的颜色值为（C：30、M：48、Y：76、K：0），右击调色板上无填充色块隐藏轮廓，得到如图13.113所示的效果。

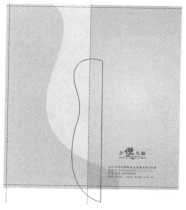

图13.112 绘制形状

图13.113 填充颜色

18 选择刚绘制好的形状，单击透明度工具，在"属性栏"中设置参数如图13.114所示，得到如图13.115所示的效果。

图13.114 透明度"属性栏"设置

图13.115 应用透明后的效果

19 使用贝塞尔工具在内页上绘制形状。设置填充的颜色值为（C：8、M：15、Y：35、K：0），右击调色板上无填充色块隐藏轮廓，得到如图13.116所示的效果。

20 使用贝塞尔工具在内页上绘制形状。设置填充的颜色值为（C：2、M：27、Y：96、

K：0），右击调色板上无填充色块隐藏轮廓，得到如图13.117所示的效果。

图13.116 绘制形状

图13.117 填充颜色

21 选择刚绘制好的形状，按Ctrl+PgDn快捷键多次，将该形状放置到背景图形上，如图13.118所示。

22 按Ctrl+I快捷键调出"导入"对话框，选择随书所附光盘中的文件"第13课\13.3 "天使之城"婚纱摄影宣传3折页\"天使之城"婚纱摄影宣传3折页-素材1.jpg"，单击"导入"按钮，导入人物素材，缩放并移动到适当的位置，得到如图13.119所示的效果。

图13.118 向后移动后的效果

图13.119 调入素材后的效果

23 选中素材图片，使用"效果"|"图框精确剪裁"|"置于图文框内部"命令，出现如图13.120所示的箭头光标，在椭圆形框上单击将素材图片放置在椭圆形框中，得到如图13.121所示的效果。

图13.120 光标状态

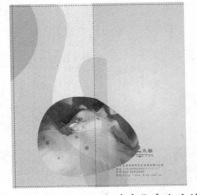

图13.121 应用"置于图文框内部"命令后的效果

24 选择"效果"|"图框精确剪裁"|"编辑PowerClip"命令，进入编辑状态，将素材图片拖动至如图13.122所示的位置。编辑完成后，选择"效果"|"图框精确剪裁"|"结束编辑"命令，得到如图13.123所示的效果。

图13.122 调整素材

图13.123 编辑后的效果

25 使用贝塞尔工具 在内页上绘制形状，设置填充的颜色为橘红色，在"对象属性"泊坞窗中设置轮廓的颜色为淡黄色，宽度为0.2mm，得到如图13.124所示的效果。

图13.124 设置轮廓后的效果

26 按Ctrl+I快捷键调出"导入"对话框，选择随书所附光盘中的文件"第13课\13.3 "天使之城"婚纱摄影宣传3折页\"天使之城"婚纱摄影宣传3折页-素材2.jpg"，单击"导入"按钮，导入人物素材，缩放并移动到适当的位置，得到如图13.125所示的效果。

图13.125 调入素材后的效果

27 选择刚绘制好的形状，使用"效果"|"图框精确剪裁"|"置于图文框内部"命令，将素材图片放置到容器中，如图13.126所示为应用"放置在容器中"命令后的效果。

图13.126 应用"置于图文框内部"命令后的效果

28 选择左上角的形状，按小键盘上的+键原位复制一个形状条，并按Shift+PgUp快捷键将其放置在所有层的最上面，如图13.127所示。

图13.127 调整后的效果

29 在"对象属性"泊坞窗中设置轮廓的颜色为淡黄色，宽度为0.2mm，得到如图13.128所

示的效果。设置填充颜色为无，得到如图
13.129所示的效果。

30 按照步骤28和步骤29的操作方法，制作另外一组轮廓线，如图13.130所示。

图13.128 设置轮廓后的效果　　图13.129 调整后的效果

图13.130 制作轮廓线效果

31 选择内页中的所有形状，按Ctrl+G快捷键进行群组，使用"效果"|"图框精确剪裁"|"置于图文框内部"命令，将素材图片放置到内页背景颜色框中，如图13.131所示为应用"置于图文框内部"命令后的效果。

32 为折页内页输入说明性文字，折页的正面效果如图13.132所示。

 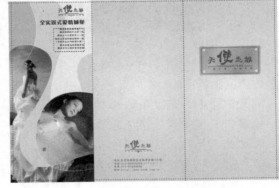

图13.131 应用"置于图文框内部"命令后的效果　　　　图1.132 折页的正面效果

33 结合使用贝塞尔工具 、透明度工具 、渐变填充工具 和"置于图文框内部"命令制作折页的其他内页，最终效果如图13.133所示。

图13.133 折页的其他内页效果

"春江月"月饼包装盒设计

本例设计的是一款以"春江月"为主题的月饼包装盒作品。作为中国最传统的节日之一，在设计时最常用的表现形式就是将有中式古典特色的色彩、图形、图像以及文字等元素，进行全新的加工、组合，使之看起来在具有中式古典感觉的基础上，同时还要给人一种时尚、大气、雅致的视觉感受。读者可以在学习过程中，慢慢体会本例的这一设计理念。

01 新建一个文档，设置文档的尺寸为400mm×740mm，并在"属性栏"中单击"纵向"按钮回。按Ctrl+J快捷键调出"选项"对话框，分别设置水平和垂直辅助线的参数，如图13.134和图13.135所示，得到如图13.136所示的效果。

图13.134 设置水平辅助线　　图13.135 设置垂直辅助线　图13.136 设置辅助线后的效果

提示：

　　包装盒的宽度数值为400mm，包装盒的高度数值为两个侧面高度（140mm）+两个正面高度（600mm）=740mm。下面制作包装盒的正面。

02 选择矩形工具回，绘制超出页面尺寸3mm的矩形，如图13.137所示。

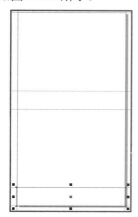

图13.137 绘制矩形

图13.138 "对象属性"　图13.139 渐变填充效果
泊坞窗

03 在"对象属性"泊坞窗中设置其填充属性如图13.138所示，右击调色板上无填充色块隐藏轮廓，如图13.139所示，作为包装盒的侧面。

提示：

　　在"对象属性"泊坞窗中，渐变的颜色值从左至右分别为（C：25、M：100、Y：100、K：25）、（C：0、M：100、Y：100、K：70）和（C：0、M：100、Y：100、K：70）。

04 使用矩形工具，在上方侧面区域绘制矩形，如图13.140所示。

05 在"对象属性"泊坞窗中设置其填充属性如图13.141所示，确认后得到如图13.142所示的效果，作为包装盒的正面。

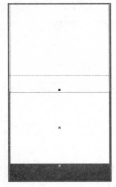 

图13.140 绘制矩形 图13.141 "对象属性"泊坞窗

提示：

　　在"对象属性"泊坞窗中，渐变的颜色值从左至右分别为（C：20、M：39、Y：85、K：13）、（C：16、M：36、Y：88、K：10）、（C：0、M：25、Y：100、K：0）、（C：32、M：48、Y：76、K：20）、（C：0、M：0、Y：100、K：0）和（C：32、M：48、Y：76、K：20）。

06 按照上述的操作方法，制作包装盒的另外两个面，得到如图13.143所示的效果。

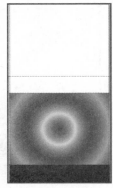 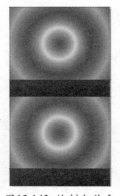
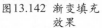

图13.142 渐变填充　　图13.143 绘制包装盒
　　　　效果　　　　　　　　　平面图

07 使用矩形工具，在包装正面区域绘制矩形。在"对象属性"泊坞窗中设置其填充属性如图13.144所示，右击调色板上无填充色块隐藏轮廓，得到如图13.145所示的效果。

图13.144 "对象属性"泊坞窗

图13.145 渐变填充效果

提示：

　　在"对象属性"泊坞窗中，渐变的颜色值从左至右分别为（C：25、M：100、Y：100、K：25）、（C：0、M：100、Y：100、K：70）和（C：0、M：100、Y：100、K：70）。

08 按小键盘上的+键原位复制，按Shift键垂直拖动到如图13.146所示的位置。

图13.146 拖动后的效果

09 使用贝塞尔工具在包装正面绘制形状，在"对象属性"泊坞窗中设置轮廓的颜色为黄色，宽度为1.5mm，得到如图13.147所示的效果。

图13.147 设置轮廓后的效果

10 按小键盘上的+键原位复制，单击"水平镜像"按钮，并将复制的图形调整到如图13.148所示的位置。

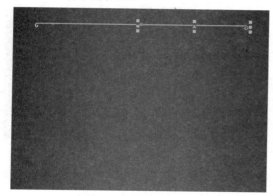

图13.148 绘制形状

11 选择刚绘制好的两个形状，单击"合并"按钮，得到如图13.149所示的效果。

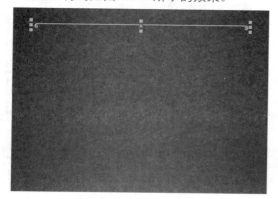

图13.149 合并后的效果

12 按小键盘上的+键原位复制，单击"垂直镜像"按钮，并将镜像得到的图形调整到如图13.150所示的位置。

图13.150 垂直镜像后的效果

13 选中两个形状，按小键盘上的+键原位复制，设置旋转角度为90°，缩放后分别放置在如图13.151所示的位置。

图13.151 原位复制并调整后的效果

14 使用矩形工具和椭圆形工具，绘制如图13.152所示的形状（为便于观看，笔者分别将矩形和圆形设置成不同的颜色）。单击"移除前面对象"按钮，并设置填充的颜色值为（C：0、M：25、Y：100、K：0），右击调色板上无填充色块隐藏轮廓，得到如图13.153所示的效果。

图13.152 绘制形状

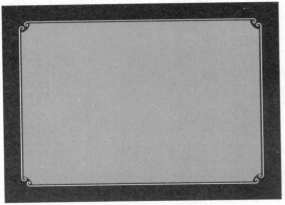

图13.153 移除前面对象后的效果

15 按Ctrl+I快捷键调出"导入"对话框，选择随书所附光盘中的文件，并结合使用选择工具，制作正面中的背景文字，如图13.154所示。

图13.154 调入素材后的效果

16 使用椭圆形工具在正面绘制一个椭圆形，并按Ctrl+PgDn快捷键将其后移一层，得到如图13.155所示的效果。

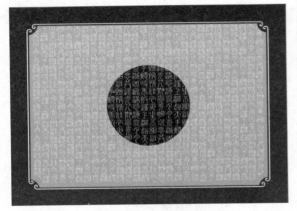

图13.155 绘制椭圆形

17 绘制出如图13.156所示的形状。

图13.156 绘制形状

18 导入随书所附光盘中的文件，并将其放置在包装盒正面左侧中间的位置，如图13.157所示。

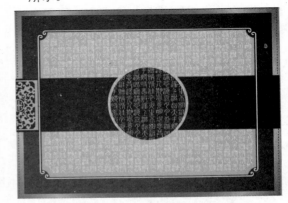

图13.157 调整素材后的效果

19 按小键盘上的+键原位复制，单击"水平镜像"按钮，调整到如图13.158所示的位置。

图13.158 调整后的效果

20 使用矩形工具及"置于图文框内部"命令制作其他花纹效果，得到如图13.159所示的效果。设置花纹的颜色值为（C：50、

M：100、Y：100、K：70）。

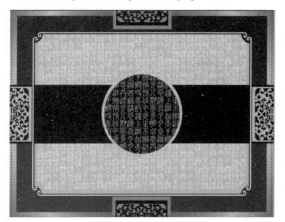

图13.159 制作花纹效果

21 导入随书所附光盘中的文件，并将其放置在包装盒正面中间的位置，如图13.160所示。

图13.160 调入素材后的效果1

22 导入随书所附光盘中的文件，并将其放置在包装盒正面中间的位置，如图13.161所示。

图13.161 调入素材后的效果2

23 选择"位图"|"轮廓描摹"|"线条图"命令，将位图转换为轮廓。

24 设置文字的颜色为黄色，得到如图13.162所

示的效果。

图13.162 填充颜色

25 在"对象属性"泊坞窗中设置轮廓的颜色值为（C：50、M：100、Y：100、K：70），宽度为4mm，得到如图13.163所示的效果。

图13.163 设置轮廓后的效果

26 在包装的正面输入说明性文字，得到如图13.164所示的效果。

图13.164 输入文字

27 选择螺纹形状、背景形状和背景文字，按小键盘上的+键原位复制，按住Shift键将其垂直拖动到如图13.165所示的位置，作为包装

盒的底面。

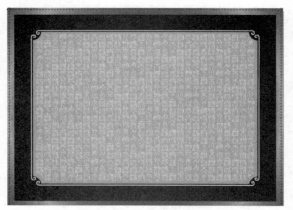

图13.165 移动后的效果

28 选择背景文字，缩放并旋转到如图13.166所示的位置。

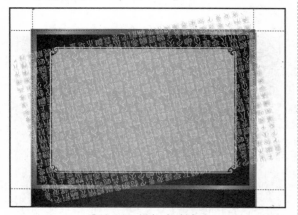

图13.166 调整后的效果

29 使用矩形工具 🔲，在包装的底面绘制颜色值为（C：0、M：25、Y：100、K：0）的矩形，并旋转到如图13.167所示的位置。

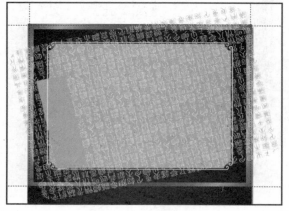

图13.167 绘制矩形

30 导入随书所附光盘中的相关文件，分别旋转并放置到如图13.168所示的位置。

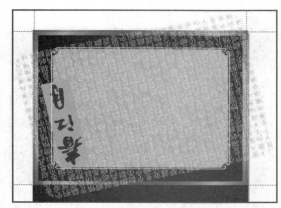

图13.168 调整素材后的效果

31 选择矩形和文字，按小键盘上的+键原位复制两个并放置在适当的位置，如图13.169所示。

图13.169 复制并移动后的效果

32 将所有的文字及矩形置入背景图形中，得到如图13.170所示的效果。

图13.170 置入容器后的效果

33 导入随书所附光盘中的文件，缩放并将其放置在包装盒侧面的中间位置，如图13.171所示。

34 选择"春江月"文字，按小键盘上的+键原位复制，缩放并将其放置在包装盒侧面的中间位置，如图13.172所示。

图13.171 调入素材后的效果

图13.172 复制并调整素材后的效果

35 选择底图和文字，按Ctrl+G快捷键进行群组，按小键盘上的+键原位复制，接着单击

"水平镜像"按钮⊞和"垂直镜像"按钮⊠，并将其放置在另一个侧面的中间位置，得到如图13.173所示的最终效果。

图13.173 最终效果

13.5 jPhone手机广告设计

本例是为jPhone手机设计的宣传广告。因此在制作过程中，采用了深蓝色调与带有个性化的光点图像作为背景，然后以带有强烈立体感的圆角图形为主体，以烘托整体的气氛。另外，本例中还将字母jPhone也进行了立体化处理，使之与广告的整体感觉相匹配。读者在学习时，应着重学习并掌握该部分文字效果的处理方法。

01 新建一个文档，然后在"属性栏"中设置页面属性，如图13.174所示。

图13.174 "属性栏"参数设置

02 双击矩形工具▢，以创建一个与文档大小相同的矩形。设置其轮廓色为无，在"对象属性"泊坞窗中设置其填充属性，如图13.175所示，得到如图13.176所示的效果。

> **提示：**
>
> 在"对象属性"泊坞窗中，所使用渐变的色标颜色，从左到右依次为黑色、（C：100、M：100、Y：0、K：0）和（C：100、M：0、Y：0、K：0）。

03 按Ctrl+I快捷键，在弹出的对话框中导入"素材1"，将其置于文档中，并使用选择工具![]调整其大小，直至得到如图13.177所示的效果。

图13.175 "对象属性"泊坞窗　　图13.176 设置填充属性后的效果　　图13.177 摆放素材位置

04 选择透明度工具![]，在"属性栏"上设置其参数，如图13.178所示，得到如图13.179所示的效果。

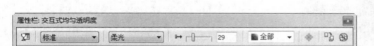

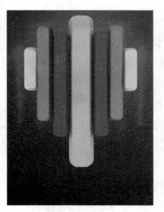

图13.178 设置透明度参数　　　　　　图13.179 设置透明度后的效果

05 按照第3步的方法，导入"素材2"，适当调整其大小及位置后，得到如图13.180所示的效果。

06 选择文本工具![]，在文档中输入"jPhone"，设置其填充色为白色，轮廓色为无，以及适当的字体、字号等属性，得到如图13.181所示的效果。选中输入的文字，按Ctrl+Q键将其转换为曲线。

图13.180 摆放素材位置　　　　　　图13.181 输入文字

读者也可以导入"素材3"，直接调用其中的文字素材。

07 选择立体化工具，在"属性栏"中设置其参数，如图13.182所示，得到如图13.183所示的效果。

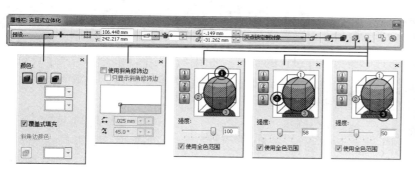

图13.182 设置立体化参数

图13.183 得到的文字立体效果

08 为了给文字增加阴影效果，下面需要将制作好的立体文字转换为位图。选中立体文字，选择"位图"|"转换为位图"命令，设置弹出的对话框如图13.184所示，单击"确定"按钮退出对话框。

图13.184 "转换为位图"对话框

09 选中转换为位图后的立体文字，选择阴影工具并在"属性栏"中设置其参数如图13.185所示，得到如图13.186所示的效果。

图13.185 设置阴影参数

10 继续选择阴影工具，按小键盘上的+键进行原位复制，并修改"属性栏"中的参数，如图13.187所示，以增加文字周围的阴影效果，如图13.188所示。

图13.187 设置阴影参数

图13.188 添加阴影后的效果

11 最后，按照第3步的方法导入"素材4"和"素材5"，并使用文本工具输入一些说明文字，得到如图13.189所示的最终效果。

图13.186 添加阴影后的效果

图13.189 最终效果

13.6 《大学生心理健康指导》封面设计

本例是为图书《大学生心理健康指导》设计的封面。在制作过程中，设计师抛弃了传统大专院校类图书封面的用色与设计风格，大胆采用了更时尚的方块图形和更鲜艳、丰富的色彩，配合精致的装饰图形，符合大学生们心理的多样化。

01 按Ctrl+N快捷键新建一个文档，在"属性栏"中设置其页码尺寸等参数，如图13.190所示。在本例中，封面的开本尺寸为185*230mm，书脊为10.6mm，因此整个封面的宽度就是封面宽度+书脊宽度+封底宽度＝185mm+10.6mm+185mm=380.6mm。

图13.190 设置文档尺寸参数

02 选择"视图"|"显示"|"出血"命令，以显示出血辅助线。然后从左侧的垂直标尺中拖动2条辅助线，在"属性栏"中分别设置其水平位置为185mm和195.6mm。此时文档整体的状态如图13.191所示。

图13.191 添加辅助线后的状态

03 选择矩形工具，在正封的左上角位置沿文档的边缘绘制一个约37*38.8mm的矩形，并为其指定一个填充色，设置其轮廓色为无，得到如图13.192所示的效果。

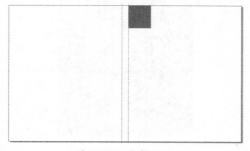

图13.192 绘制矩形

提示：

此时，主要是为封面整体进行矩形块的布局，因此可随意设置矩形的颜色。

04 选中上一步绘制的矩形，按小键盘上的+键进行原位复制，使用选择工具按住Shift键向右侧拖动，然后为其设置一个填充色，得到如图13.193所示的效果。

图13.193 复制矩形

05 连续按Ctrl+D快捷键3次，并分别为各个矩形设置颜色，得到如图13.194所示的效果。

图13.194 复制3次矩形

06 选中当前复制得到的5个矩形，按照第4~5步的方法向下进行复制，得到如图13.195所示的效果。

图13.195 向下复制矩形

07 下面来为各个矩形设置具体的颜色，其中最顶行的第1-3个矩形的颜色值分别为（C：60、M：100、Y：100、K：60）、（C：0、M：100、Y：50、K：0）和（C：0、M：60、Y：100、K：0），读者可以在这3个颜色的基础上，适当调整其他矩形的颜色，得到如图13.196所示的效果。

图13.196 为矩形设置颜色

08 选择椭圆形工具 ，按住Shift键绘制一个正圆，设置其填充色为白色，轮廓色为无，然后将其置于正封的中间位置，如图13.197所示。

图13.197 绘制白色正圆

09 选中上一步绘制的矩形，按小键盘上的+键进行原位复制，使用选择工具 按住Shift键

将其缩小一点，设置其填充色为无，轮廓色为灰色，然后在"对象属性"泊坞窗中设置其轮廓属性，如图13.198所示，得到如图13.199所示的效果。

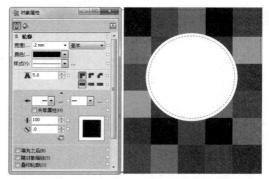

图13.198 设置轮廓属性　　图13.199 虚线效果

10 选择文字工具 ，设置适当的字体字号等属性，在白色圆形中间输入书名，如图13.200所示。

图13.200 输入书名文字

11 打开随书所附光盘中的文件"第13课\13.6《大学生心理健康指导》封面设计-素材1.cdr"，分别将其中的图形选中，按Ctrl+C快捷键进行复制，然后返回封面设计文件中，按Ctrl+V快捷键进行粘贴，并适当调整其颜色，得到如图13.201所示的效果。

图13.201 添加图形

12 按Ctrl+A快捷键选中文档中的所有元素，然后按住Shift键单击圆形、圆形虚线以及封面文字等，以取消选中这些元素，即此时选中的是封面的背景元素。

13 按小键盘上的+键进行原位复制，再使用选择工具 📍 按住Shift键向左侧拖动至封底中，单击"属性栏"中的水平镜像按钮 🔲，适当调整其位置后，得到如图13.202所示的效果。

14 选中封底中最右上角的矩形，向右侧拖动调整其宽度，以盖住书脊处的露白，按照同样的方法，处理下面的其他矩形，得到如图13.203所示的效果。

图13.202 复制对象到封底　　　　　图13.203 调整图形大小

15 最后，结合随书所附光盘中的文件"第13课\13.6　《大学生心理健康指导》封面设计-素材2.bmp"以及文本工具 🔣 在其中输入编辑信息、条码信息及出版社名称等，得到如图13.204所示的最终效果。

图13.204 最终效果